Ben Stacy Jerrik (Hrsg.)

Bellac

Ben Stacy Jerrik (Hrsg.)

Bellac

Frankreich, Haute-Vienne, Limousin, Boson I. (La Marche), Marche (Frankreich)

Part Press

Imprint

Publisher:
Part Press is a trademark of
International Book Market Service Ltd., 17 Rue Meldrum, Beau Bassin, 1713-01 Mauritius
Email: info@bookmarketservice.com
Website: www.bookmarketservice.com

Published in 2012

Printed in: U.S.A., U.K., Germany. This book was not produced in Mauritius.

ISBN: 978-613-7-81071-2

Bellac

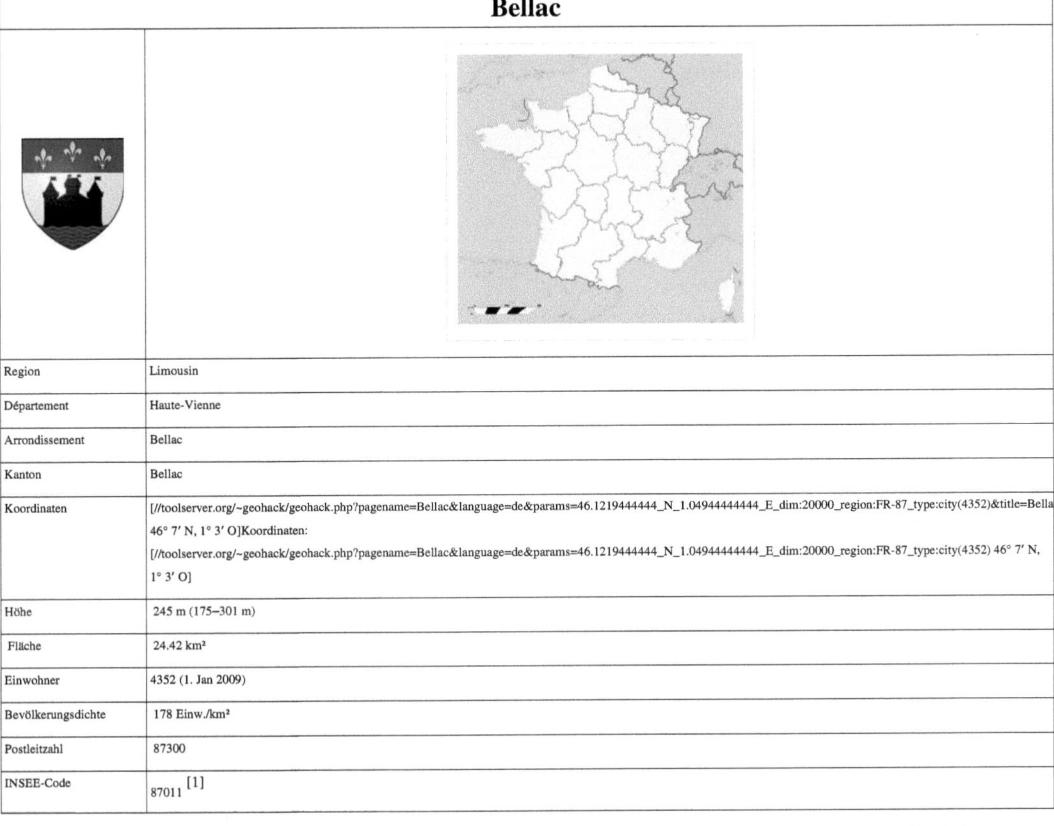

Bellac	
Region	Limousin
Département	Haute-Vienne
Arrondissement	Bellac
Kanton	Bellac
Koordinaten	[//toolserver.org/~geohack/geohack.php?pagename=Bellac&language=de¶ms=46.1219444444_N_1.04944444444_E_dim:20000_region:FR-87_type:city(4352)&title=Bellac 46° 7′ N, 1° 3′ O]Koordinaten: [//toolserver.org/~geohack/geohack.php?pagename=Bellac&language=de¶ms=46.1219444444_N_1.04944444444_E_dim:20000_region:FR-87_type:city(4352) 46° 7′ N, 1° 3′ O]
Höhe	245 m (175–301 m)
Fläche	24.42 km²
Einwohner	4352 (1. Jan 2009)
Bevölkerungsdichte	178 Einw./km²
Postleitzahl	87300
INSEE-Code	87011 [1]

Bellac (okzitanisch *Belac*) ist eine französische Gemeinde mit 4352 Einwohnern (Stand 1. Januar 2009) im Département Haute-Vienne in der Region Limousin; sie ist Verwaltungssitz des Arrondissements Bellac und des Kantons Bellac.

Geschichte

In der ersten Hälfte des 10. Jahrhunderts baute Boso der Alte, Graf von La Marche auf einem Felssporn oberhalb des Vincou eine nicht mehr erhaltene Burg. Hier entwickelte sich der Ort Bellac, der im 12. Jahrhundert von Graf Aldebert III. Stadtrechte erhielt. 1531 fiel Bellac an die Krone.

Bevölkerungsentwicklung

- 1962 : 4783
- 1968 : 5240
- 1975 : 5360
- 1982 : 5079
- 1990 : 4924
- 1999 : 4576

ab 1962 nur Einwohner mit Erstwohnsitz

Sehenswürdigkeiten

- Die Kirche Notre-Dame (12. und 14. Jahrhundert)
- Die alte Brücke

Persönlichkeiten

- Jean Giraudoux (1882-1944), französischer Berufsdiplomat und Schriftsteller.
- Agnès Clancier

References

[1] http://recensement.insee.fr/searchResults.action?codeZone=87011-COM

Frankreich

République française Französische Republik	
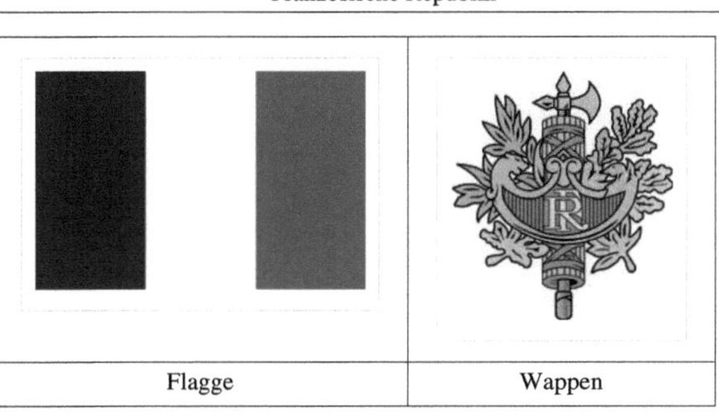 Flagge	Wappen
Wahlspruch: *Liberté, Egalité, Fraternité* (Französisch für *„Freiheit, Gleichheit, Brüderlichkeit“*)	
Amtssprache	Französisch
Hauptstadt	Paris
Staatsform	semipräsidiale Republik
Staatsoberhaupt	Staatspräsident Nicolas Sarkozy
Regierungschef	Premierminister François Fillon
Fläche	674.843 km² Metropolitan-Fr.: 547.026[1] km²
Einwohnerzahl	65.447.374[2] (Januar 2010) Metropolitan-Fr.: 62.793.432[3]
Bevölkerungsdichte	97 Einwohner pro km² Metropolitan-Fr.: 115 Einwohner pro km²
Bruttoinlandsprodukt • Total (PPP) • Total (Nominal) • BIP/Einw. (PPP) • BIP/Einw. (Nominal)	2008 • $ 2.130 Milliarden (8.) • $ 2.865 Milliarden (5.) • $ 34.208 (24.) • $ 46.016 (16.)
Human Development Index	0.872 (14.)[4]
Währung	Euro (€) 1 Euro = 100 Cent, in den pazifischen Überseegebieten CFP-Franc
Nationalhymne	*Marseillaise*
Nationalfeiertag	14. Juli
Zeitzone	UTC+1
Kfz-Kennzeichen	F
Internet-TLD	Metropolitan-Fr.: .fr Überseegebiete: .bl, .gf, .gp, .mf, .mq, .nc, .pf, .pm, .re, .tf, .wf, .yt

Telefonvorwahl	Metropolitan-Fr.: +33 Überseegebiete: +262, +508, +590, +594, +596, +681, +687, +689

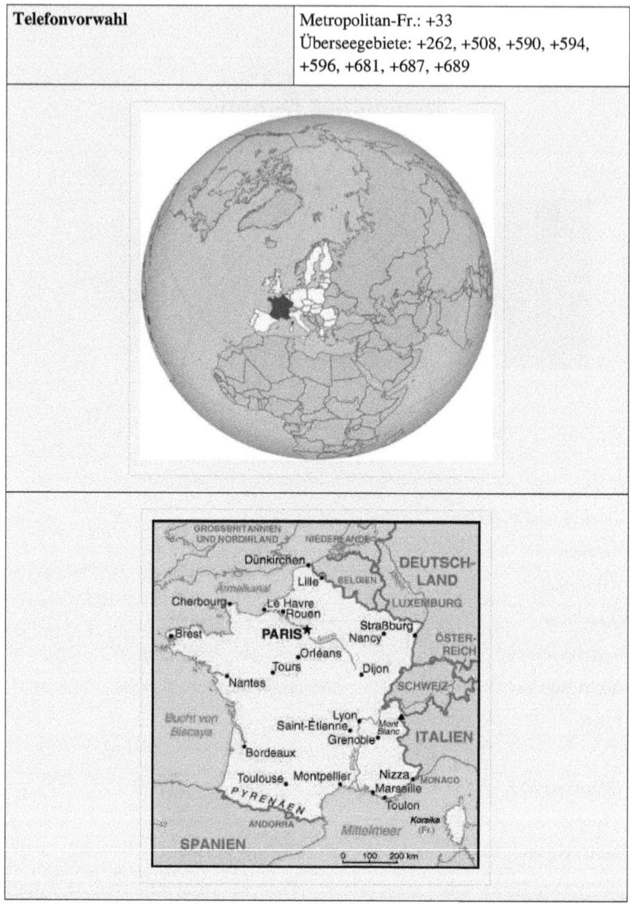

Frankreich (amtlich **République française**, deutsch *Französische Republik*; Kurzform frz.: *France* [fʁɑ̃s]) ist ein demokratischer, zentralistischer Einheitsstaat, dessen Gebiet sich größtenteils im Westen Europas befindet. Innerhalb von Europa grenzt es an Belgien, Luxemburg, Deutschland, die Schweiz, Italien, Monaco, Spanien, Andorra, an die Nordsee, an den Atlantik mit dem Ärmelkanal und an das Mittelmeer. Neben dem Territorium in Europa gehören zu Frankreich Überseegebiete in der Karibik (u. a. Saint-Martin, das eine Landgrenze mit dem niederländischen Sint Maarten aufweist), Südamerika (Französisch-Guayana, das Landgrenzen zu Brasilien und Suriname hat), vor der Küste Nordamerikas, im Indischen Ozean und in Ozeanien. Ferner beansprucht Frankreich einen Teil der Antarktis. Frankreich ist ein Mitglied der Europäischen Union.

Geographie

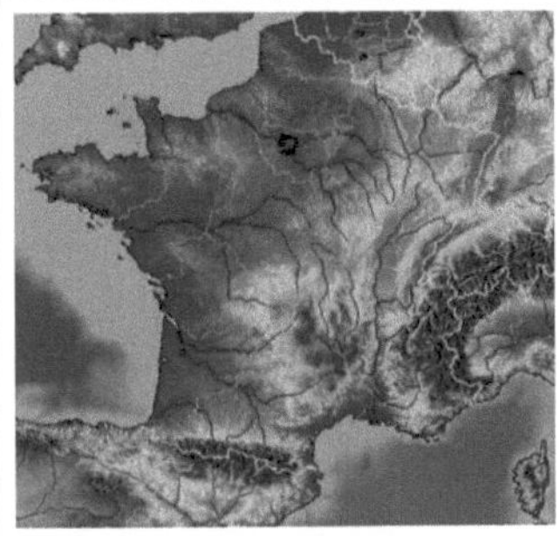

Topographische Karte

Insgesamt hat das „französische Mutterland" in Europa, das aufgrund seiner Form auch als *l'Hexagone* (Sechseck) bezeichnet wird, eine Fläche von 547.026 km². Frankreich hat abgesehen vom Mittelmeer auch Meeresküsten im Norden und Westen, das Landschaftsbild prägen überwiegend Ebenen oder sanfte Hügel. In der Südosthälfte ist das Land gebirgig, Hauptgebirge sind die Pyrenäen, das Zentralmassiv, die Alpen sowie die Vogesen im Osten. Der höchste Berg Frankreichs und der Alpen ist der Mont Blanc (4810 Meter).

Städte

Die mit Abstand wichtigste und größte Stadt in Frankreich ist die Hauptstadt Paris mit gut zehn Millionen Einwohnern in der Agglomeration (Region Île-de-France). Die Großräume um Marseille und Lyon haben ebenfalls deutlich mehr als eine Million Einwohner.

Am 1. Januar 2006 waren die größten Städte des Landes nach den Erhebungen des rollierenden Zensus, einer Erhebung mit rotierenden Stichproben (in der rechten Spalte der Großraum):

Platz	Name	Stadt (Ew.)	Großraum (Ew.)
1.	Paris	2.181.371	11.442.977
2.	Marseille	839.043	1.418.481
3.	Lyon	472.305	1.417.463
4.	Toulouse	437.715	850.873
5.	Nizza *(frz. Nice)*	347.060	940.017
6.	Nantes	282.853	568.743
7.	Straßburg *(frz. Strasbourg)*	272.975	638.370
8.	Montpellier	251.634	
9.	Bordeaux	232.260	803.117
10.	Lille	226.014	1.016.205

Naturschutz

Frankreich unterhält Naturschutzgebiete verschiedener Kategorien im europäischen Kernland und in den Übersee-Départements. Es sind dies derzeit:

- neun Nationalparks mit einer Fläche von etwa 4,5 Millionen Hektar
- 45 Regionale Naturparks mit einer Fläche von mehr als 7 Millionen Hektar sowie
- eine Vielzahl von Schutzzonen, wie
  - Naturreservate (Réserve Naturelle),
  - Natura 2000 – Gebiete der EU,
  - Biosphärenreservate der UNESCO.

Bevölkerung

Bevölkerungsentwicklung

Die Bevölkerung Frankreichs wurde für 1750 auf etwa 25 Millionen geschätzt. Damit war es mit Abstand das bevölkerungsreichste Land Westeuropas. Bis 1850 stieg die Einwohnerzahl weiter bis auf 37 Millionen, danach trat eine im seinerzeitigen Europa einzigartige Stagnation des Wachstums ein.[5] Als Ursache hierfür werden der relative Wohlstand und die fortgeschrittene Zivilisation Frankreichs angesehen. Empfängisverhütendes Sexualverhalten wurde praktiziert und war verbreiteter als in anderen Ländern, zugleich war der Einfluss der katholischen Kirche bereits geschwächt. So wuchs die Einwohnerzahl in knapp 100 Jahren nur um drei Millionen: 1940 zählte Frankreich, trotz starker Zuwanderung nach 1918, nur etwa 40 Millionen Einwohner. Diese Bevölkerungsstagnation wird als eine der Ursachen dafür angesehen, dass sich Frankreich während der beiden Weltkriege gegen den dynamischeren Nachbarn Deutschland nur mit großer Mühe behaupten konnte. Noch dazu hatte Frankreichs Armee bereits in den Jahren 1914/18 die relativ höchsten Verluste aller kriegführenden Nationen erlitten. Nach dem Zweiten Weltkrieg war dann nach langer Zeit wieder ein Geburtenzuwachs und Bevölkerungsanstieg zu verzeichnen, der zum Teil auch verursacht war durch verstärkte Zuwanderung vor allem aus dem Bereich der früheren französischen Kolonien. Für das Jahr 1990 wurden 56,6 Millionen Einwohner ermittelt, für den 1. Januar 2010 wurde die Bevölkerung einschließlich der Menschen in den Überseegebieten auf 64,7 Millionen geschätzt.[2] Davon entfielen 62,8 Millionen auf die Métropole.[3]

Am 18. Januar 2011 gab das nationale statistische Amt bekannt, dass zum 1. Januar 2011 insgesamt 65.027.000 Menschen in Frankreich lebten. Damit hat das Land erstmals die 65-Millionen-Marke überschritten.[6]

Nach Deutschland nimmt Frankreich in der EU den zweiten Platz bei der Bevölkerungszahl ein; weltweit liegt es auf Platz 20. Innerhalb der EU hat Frankreich einen Bevölkerungsanteil von 13 %.[7]

Die Bevölkerung wuchs im Jahr 2009 um 346.000 Personen oder 0,5 Prozent. Das Wachstum verlangsamte sich leicht gegenüber den Vorjahren (2006: 0,6 %, 2007 und 2008: 0,6 %). Die Geburtenbilanz des Jahres 2009 war positiv: es wurden 275.000 Menschen mehr geboren als starben; die Wanderungsbilanz ist ebenfalls positiv: es wanderten 71.000 Menschen mehr zu als aus.[7] Die französische Bevölkerung wird im Durchschnitt älter: Der Anteil der Unter-20-Jährigen ist zwischen 2000 und 2010 von 25,8 % auf 24,7 % gesunken, gleichzeitig nahm der Anteil der Menschen über 65 von 15,8 % auf 16,6 % zu.[7]

2009 wurden 256.000 Ehen geschlossen, nachdem es zehn Jahre zuvor noch mehr als 294.000 waren. Dafür wählten mehr Franzosen den Zivilen Solidaritätspakt als Form des Zusammenlebens. Diese *Pacs* genannte Partnerschaft wurde 1999 eingeführt; 2009 wurden 175.000 Pacs geschlossen.[7] Das Durchschnittsalter der ersten Ehe lag 2008 für Männer bei 31,6 Jahren und für Frauen bei 29,7 Jahren. Es stieg seit 1999 um fast zwei Jahre.[7] Die Fruchtbarkeitsrate in Frankreich liegt mit 2,0 Kindern pro Frau (2008) europaweit an dritter Stelle nach Irland und Island;[8] sie ist jedoch von drei Kindern pro Frau in den 1960er Jahren gesunken.[9] Die Kindersterblichkeit 2009 betrug 3,8 ‰ nach 4,4 ‰ im Jahr 1999.[7]

Die Lebenserwartung, die um 1750 bei knapp 30 Jahren gelegen war, betrug 1987 72 Jahre für Männer und 80 Jahre für Frauen[10]. Bis 2008 stieg sie auf 84 Jahre für Frauen und 78 Jahre für Männer.[7]

Migration

Aufgrund des langsamen Bevölkerungswachstums kannte Frankreich bereits in der Mitte des 19. Jahrhunderts das Problem des Arbeitskräftemangels. Seit Beginn der Industrialisierung kamen deshalb Gastarbeiter aus den Nachbarländern (Italiener, Polen, Deutsche, Spanier, Belgier) nach Frankreich, etwa in den Großraum Paris oder in die Bergbaureviere und Montangebiete von Nord-Pas-de-Calais und Lothringen. Ab 1880 lebten und arbeiteten somit etwa 1 Million Ausländer in Frankreich; sie stellten 7 bis 8 Prozent der Erwerbstätigen.[11] Das Phänomen einer Massenauswanderung, das gleichzeitig in Deutschland herrschte, kannte Frankreich nicht. Während des Ersten Weltkrieges waren etwa 3 % der Bevölkerung Frankreichs Ausländer, es kam zu ersten ausländerfeindlichen

Tendenzen.[11] Bis 1931 wuchs der Ausländeranteil auf 6,6 %; Frankreich behielt bis 1974 eine sehr liberale Einwanderungspolitik bei. Der Anteil der ausländischen Wohnbevölkerung 2006 betrug 5,8 %, dazu kommen 4,3 % *Français par acquisition*, also Menschen, die im Ausland geboren sind und die französische Staatsbürgerschaft bekommen haben.[12]

Starke Verschiebungen hat es bei den Herkunftsländern der Ausländer in Frankreich gegeben. Europäer, vor allem Italiener und Polen, machten 1931 mehr als 90 % der ausländischen Bevölkerung aus.[11] Dieser Anteil lag in den 1970er Jahren nur noch bei etwa 60 %, den stärksten Anteil stellten nun die Portugiesen.[11] Heute sind die meisten Ausländer in Frankreich nordafrikanischen Ursprunges (Algerier, Marokkaner, Tunesier), gefolgt von Südeuropäern (Portugiesen, Italiener, Spanier).[13] In den letzten Jahren kommt ein Großteil der Einwanderer aus den ehemaligen französischen Kolonien in Subsahara-Afrika und in der Karibik. Die höchste Konzentration von ausländischer Bevölkerung findet sich im Südosten Frankreichs sowie im Großraum Paris.[13]

Bildungswesen

Die Verfassung der Fünften Französischen Republik definiert, dass der Zugang zu Bildung, Ausbildung und Kultur für alle Bürger gleich zu sein hat und dass das Unterhalten eines unentgeltlichen und laizistischen öffentlichen Schulwesens Aufgabe des Staates ist. Demnach ist das Bildungssystem Frankreichs zentralistisch organisiert, die verschiedenen Gebietskörperschaften müssen jedoch die Infrastruktur bereitstellen. Es koexistieren private und öffentliche Einrichtungen, wobei die größtenteils katholischen Privatschulen in der Vergangenheit mehrmals Gegenstand intensiver politischer Auseinandersetzung waren. Im Gegensatz zu den Schulsystemen der deutschsprachigen Länder liegt in Frankreich mehr Schwerpunkt auf Auslese und Bildung von Eliten, bzw. Ausbildung über Bildung. Seit 1967 herrscht Schulpflicht bis zum 16. Lebensjahr.[14]

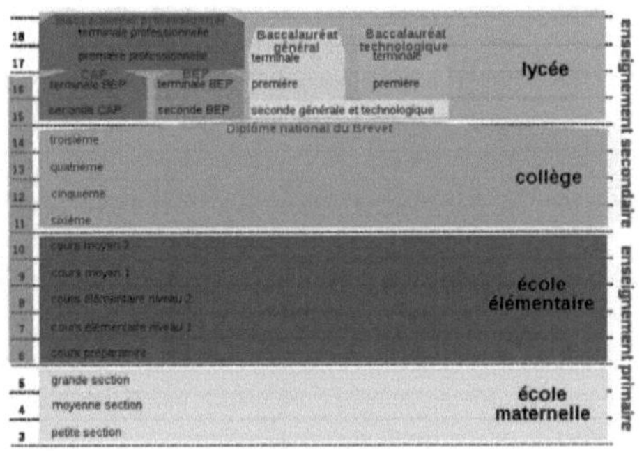

Schulsystem in Frankreich

Der Kindergarten heißt in Frankreich *École maternelle* und bietet Vorschulerziehung für Kinder ab zwei Jahren an. Er wird von einem hohen Prozentsatz der Kinder besucht. Die Betreuer in den *maternelles* haben eine Lehrerausbildung. Die *École élémentaire* ist die Grundschule und dauert fünf Jahre, nach deren Abschluss die Kinder das *Collège* besuchen, welches einheitlich ist, vier Jahre dauert und welches man mit dem *Brevet des collèges* abschließt.

Hiernach hat der Jugendliche mehrere Möglichkeiten. Er kann in eine berufsbildende Schule eintreten, die er mit dem *Certificat d'aptitude professionelle* abschließt; ein duales Ausbildungssystem wie in Deutschland ist aber sehr wenig verbreitet. Das *Lycée* entspricht in etwa dem Gymnasium. Es führt nach 12 Schuljahren zum *baccalauréat*, man unterscheidet mehrere Schulzweige wie naturwissenschaftlich, wirtschaftlich oder literarisch. Wer ein *lycée professionnel* oder ein *Centre de formation d'apprentis* besucht, kann dies nach 13 Schuljahren mit einem *baccalauréat professionnel* abschließen.

Die akademische Bildung wird von der Koexistenz der *Grandes écoles* und der Universitäten geprägt. Die *Grandes écoles* dienen der Ausbildung von Eliten für Wirtschaft und Verwaltung, haben jedoch nur wenige Forschung. Man kann sie meist erst nach dem Besuch der *classe préparatoire* besuchen, die in der Regel von *Lycées* angeboten wird. Die Grandes écoles haben gegenüber den Universitäten Frankreichs eine höhere Reputation, haben niedrige Studentenzahlen und hohe persönliche Betreuung, jedoch ist eine Promotion hier nicht möglich. Zu den bedeutenderen der *Grandes écoles* gehören die École Polytechnique, die École Normale Supérieure, die École nationale d'administration und die École Centrale Paris. Im Zuge der europaweiten Harmonisierung der Studienabschlüsse im Rahmen des Bologna-Prozess wird auch an französischen Hochschulen das *LMD-System* eingeführt. LMD bedeutet, dass nacheinander die *Licence* bzw. *Bachelor* (nach 3 Jahren), der *Master* (nach 5 Jahren) und das Doktorat (nach 8 Jahren) erworben werden können. Die traditionellen nationalen Diplome (DEUG, *Licence*, *Maîtrise*, DEA und DESS) sollen im Rahmen dieses Prozesses entfallen. Ende 2009 studierten rund 2,25 Millionen Studentinnen und Studenten an französischen Hochschulen.[15]

Sprachen

Die französische Sprache entwickelte sich aus dem *francien*, das im Mittelalter in der heutigen Region Île-de-France gesprochen wurde. Es verbreitete sich in dem Maße, wie die französischen Könige ihr Herrschaftsgebiet ausdehnten. Bereits 1539 bestimmte König Franz I., dass die französische Sprache die einzige Sprache seines Königreiches sein solle. Trotzdem sprach im 18. Jahrhundert nur etwa die Hälfte der Untertanen der französischen Könige französisch.[16] Nach der Revolution wurden die Regionalsprachen aktiv bekämpft; erst im Jahre 1951 erlaubte die Loi Deixonne Unterricht in Regionalsprachen.[17] Auch heute legt Artikel 2 der Verfassung von 1958 fest, dass die französische Sprache die alleinige Amtssprache Frankreichs ist. Sie ist nicht nur die in Frankreich allgemein gesprochene Sprache, sie ist auch Trägerin der französischen Kultur in der Welt. Die in Frankreich gesprochenen Regionalsprachen drohen aufgrund interner Wanderungen und der fast ausschließlichen Verwendung der französischen Sprache in den elektronischen Medien auszusterben. Frankreich hat die Europäische Charta der Regional- oder Minderheitensprachen zwar unterschrieben, jedoch nicht ratifiziert. Der Grund dafür liegt darin, dass Teile der Charta mit der französischen Verfassung nicht vereinbar sind. Seit 2008 erwähnt die Verfassung in Artikel 75-1 die Regionalsprachen als Kulturerbe Frankreichs.[18]

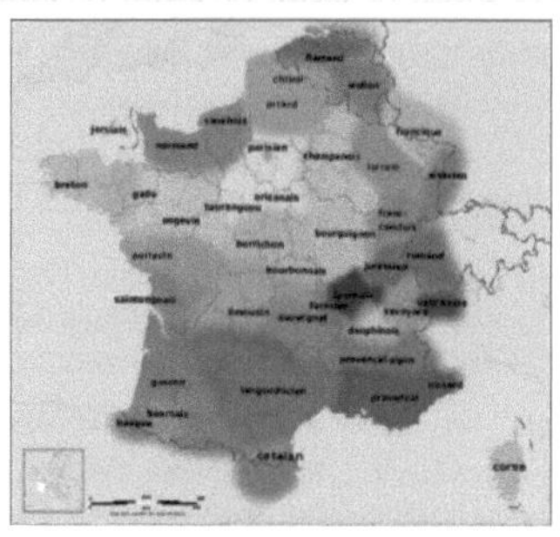
Verteilung der Regionalsprachen

Regionalsprachen, die in Frankreich gesprochen werden, sind:

- die romanischen Oïl-Sprachen in Nordfrankreich, die teilweise als französische Dialekte angesehen werden, wie Picardisch, Normannisch, Gallo, Poitevin-Saintongeais, Wallonisch und Champenois.
- das Franko-Provenzalische im französischen und (west-)schweizerischen Alpen- und Juraraum
- Okzitanisch in Südfrankreich
- Katalanisch in Département Pyrénées-Orientales
- Elsässisch und Lothringisch im Nordosten Frankreichs
- Baskisch und seine Dialekte im äußersten Südwesten
- Bretonisch im Nordwesten
- Korsisch auf Korsika
- Flämisch im Norden

Weiterhin werden in den Überseebesitzungen verschiedenste Sprachen gesprochen wie Kreolsprachen, Polynesische Sprachen oder Kanak-Sprachen in Neukaledonien.

Französisch ist Arbeitssprache bei der UNO, der OSZE, der Europäischen Kommission und der Afrikanischen Union. Um die französische Sprache vor der Vereinnahmung durch Anglizismen zu schützen, wurde 1994 die *Loi Toubon* verabschiedet. Mit dem Durchführungsdekret von 1996 wurde ein Mechanismus zur Einführung neuer Wörter festgelegt, der von der Délégation générale à la langue française et aux langues de France und der Commission générale de terminologie et de néologie gesteuert wird. Dieses Dekret verlangt, dass die französischen Wörter, die in der Amtszeitung und im Wörterbuch FranceTerme veröffentlicht werden, von öffentlichen Stellen verpflichtend zu gebrauchen sind.

Die Einwanderer verschiedener Nationen, vor allem aus Portugal, Osteuropa, dem Maghreb und dem restlichen Afrika haben ihre Sprachen mitgebracht. Im Unterschied zu den traditionellen Sprachen konzentrieren sich diese Sprechergemeinden besonders in den großen Städten, sind aber keinem genau abgrenzbarem geografischen Gebiet zuzuordnen.

Religionen

Frankreich ist offiziell ein laizistischer Staat, das heißt, Staat und Religionsgemeinschaften sind vollkommen voneinander getrennt. Da von staatlicher Seite keine Daten über die Religionszugehörigkeit der Einwohner erhoben werden, beruhen alle Angaben über die konfessionelle Zusammensetzung der Bevölkerung auf Schätzungen oder den Angaben der Religionsgemeinschaften selbst und weichen deshalb oft erheblich voneinander ab, weshalb auch die folgenden Zahlen mit Vorsicht zu behandeln sind. In einer Umfrage von *Le Monde des religions* bezeichneten sich 51 Prozent der Franzosen als katholisch, 31 Prozent erklärten, keiner Religion anzugehören und etwa 9 Prozent gaben an, Muslime zu sein. Drei Prozent bezeichneten sich als Protestanten. Fast alle protestantischen Kirchen in Frankreich, von denen die Reformierte Kirche von Frankreich die mitgliederstärkste ist, arbeiten im Evangelischen Bund von Frankreich zusammen. Ein Prozent bezeichneten sich als Juden. Dies entspricht auf die Bevölkerungszahl hochgerechnet 32 Millionen Katholiken, 5,7 Millionen Muslimen, 1,9 Millionen Protestanten und 600.000 Juden sowie 20 Millionen Konfessionslosen. 6 Prozent machten andere oder keine Angaben.

Nur noch 58 Prozent der Franzosen glauben an einen Gott; der Anteil der jungen Menschen, die an ein Leben nach dem Tod glauben, ist aber seit 1981 von 31 Prozent auf 42 Prozent gestiegen.[19] Nach einer Studie des *PewResearch Center* bezeichnet sich nur eine Minderheit von 27 Prozent der Franzosen als „religiös" und 10 Prozent als „sehr religiös". Beides sind weltweit die niedrigsten Werte.[20]

Christliche Konfessionen

Historisch war Frankreich lange Zeit ein katholisch dominierter Staat. Seit Ludwig XI. († 1483) trugen die französischen Könige mit Einverständnis des Papstes den Titel eines *roi très chrétien* (allerchristlichsten Königs). In der Reformationszeit blieb Frankreich immer mehrheitlich katholisch, auch wenn es starke protestantische Minderheiten (Hugenotten) gab. Diese mussten aber spätestens nach der Bartholomäusnacht 1572 die Hoffnung auf ein protestantisches Frankreich aufgeben. Als der Protestant Heinrich von Navarra Thronerbe Frankreichs wurde, trat er aus politisch-taktischen Gründen zum katholischen Glauben über ("Paris vaut bien une messe", zu Deutsch "Paris ist eine Messe wert."), garantierte aber gleichzeitig im Edikt von Nantes 1598 den Protestanten Sonderrechte und insbesondere Religionsfreiheit. Das Edikt von Nantes wurde 1685 unter Ludwig XIV. wieder aufgehoben, was trotz schwerster Strafandrohungen zu einer Massenflucht der Hugenotten ins benachbarte protestantische Ausland führte. Erst kurz vor der Französischen Revolution erhielten die Protestanten eine begrenzte Glaubensfreiheit zugestanden. Die Französische Revolution hob dann alle Beschränkungen der Glaubensfreiheit auf. Es kam in den Jahren nach der Revolution in der Ersten Französischen Republik zu einer kurzen Phase einer heftigen Kirchenfeindlichkeit, da die katholische Kirche als Vertreterin des *ancien régime* (alten Regimes) gesehen wurde. Nicht nur die Privilegien der Kirche, sondern sogar der christliche Kalender und Gottesdienst wurden abgeschafft und durch einen Revolutionskalender bzw. einen „Kult des höchsten Wesens" ersetzt. Unter Napoleon Bonaparte kam es mit dem Konkordat von 1801 aber wieder zu einem Ausgleich zwischen katholischer Kirche und Staat. Unter der bourbonischen Restauration nach 1815 gewannen die katholisch-monarchistische Ideen wieder die Oberhand: So wurden die 1823 zur Niederschlagung der liberalen Revolution in Spanien einfallenden bourbonischen Truppen als die „100.000 Söhne des heiligen Ludwig" bezeichnet, die Jesuitische Mission in Übersee wurde gefördert. In der Dritten Republik ergab sich erneut ein Konflikt zwischen Kirche und Staat, der in das am 9. Dezember 1905 verabschiedete Gesetz zur Trennung von Kirche und Staat mündete, in dem die strikte Trennung von Kirche und Staat festgeschrieben wurde.[21] Dies Gesetz gilt jedoch nicht für das damals deutsche Elsaß-Lothringen. In diesen heutigen drei Départements gilt nach ihrer Angliederung an Frankreich nach dem Ersten Weltkrieg nach wie vor die Regelung von 1801. Dies führt dazu, dass die dortigen Priester vom französischen Staat bezahlt werden und es kirchliche Feiertage wie im deutschsprachigen Raum gibt.

Judentum und Islam

Die jüdische Gemeinschaft in Frankreich hat eine wechselhafte Geschichte. Seit der Römerzeit lebten Juden in Frankreich. Sie wurden jedoch in zwei Wellen 1306 unter Philipp IV. und 1394 unter Karl VI. vollständig des Landes verwiesen. Über viele Jahrhunderte gab es danach kaum ein jüdisches Leben in Frankreich. Einzige Ausnahme blieben die im 18. und 19. Jahrhundert erworbenen Gebiete im Osten des Landes, insbesondere das Elsass, das lange einen Sonderstatus besaß. Die Französische Revolution gewährte schließlich den Juden die bürgerliche Gleichberechtigung. Frankreich blieb aber bis Anfang des 20. Jahrhunderts ein Land mit vergleichsweise geringer jüdischer Bevölkerung. Nach dem Ersten, aber vor allem nach dem Zweiten Weltkrieg setzte eine starke Zuwanderung aus den ehemaligen Kolonien in Nordafrika sowie aus Osteuropa ein, so dass Frankreich heute das Land Europas mit der größten jüdischen Bevölkerungsgruppe darstellt.

Ebenfalls seit Ende des Zweiten Weltkrieges ist eine starke Zunahme des Anteils an Muslimen zu verzeichnen, die auf Zuwanderung aus den ehemaligen Kolonien zurückgeht.

Geschichte

Urgeschichte bis Frühmittelalter

Es wird geschätzt, dass das heutige Frankreich vor etwa 480.000 Jahren besiedelt wurde. Aus der Altsteinzeit sind in der Höhle von Lascaux bedeutende Felsmalereien erhalten geblieben. Ab 600 v. Chr. gründeten phönizische und griechische Händler Stützpunkte an der Mittelmeerküste, während Kelten vom Nordwesten her das Land besiedeln, das später von den Römern als Gallien bezeichnet wurde. Die keltischen Gallier mit ihrer druidischen Religion werden heute häufig als Vorfahren der Franzosen gesehen, und Vercingetorix häufig zum ersten Nationalhelden Frankreichs verklärt, wenngleich kaum gallische Elemente in der französischen Kultur verblieben sind.

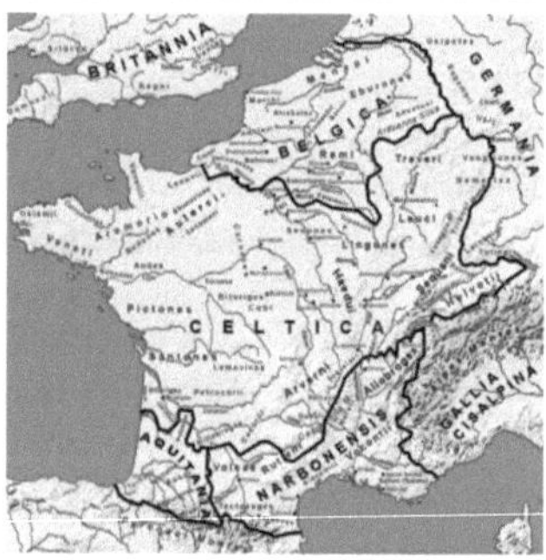

Karte von Gallien zur Zeit Caesars (58 v. Chr.)

Zwischen 58 und 51 v. Chr. eroberte Caesar in den Gallischen Kriegen die Region; es wurden die römischen Provinzen Gallia, Gallia Narbonensis, Gallia Belgica und Aquitanien eingerichtet. In einer Periode von Prosperität und Frieden übernahmen diese Provinzen römische Fortschritte in Technik, Landwirtschaft und Rechtsprechung; große, elegante Städte entstanden. Ab dem 5. Jahrhundert wanderten vermehrt germanische Völker nach Gallien ein, diese gründeten nach dem Zerfall des römischen Reiches 476 eigene Reiche. Nach einer vorübergehenden Dominanz der Westgoten gründeten die Franken unter Chlodwig I. das Reich der Merowinger. Sie übernehmen zahlreiche römische Werte und Einrichtungen, u. a. den Katholizismus (496). Im Jahre 732 gelang es ihnen, in der Schlacht von Tours und Poitiers der Islamischen Expansion Einhalt zu gebieten. Die Karolinger folgen den Merowingern nach, Karl der Große wurde 800 zum Kaiser gekrönt, 843 wurde das Frankenreich mit dem Vertrag von Verdun unter seinen Enkeln aufgeteilt; dessen westlicher Teil entsprach in etwa dem heutigen Frankreich.

Mittelalter

Das französische Mittelalter war geprägt durch den Aufstieg des Königtums im stetigen Kampfe gegen die Unabhängigkeit des Hochadels und die weltliche Gewalt der Klöster und Ordensgemeinschaften. Die Kapetinger setzten, ausgehend von der heutigen Île-de-France, die Idee von einem Einheitsstaat durch, die Teilnahme an verschiedenen Kreuzzügen untermauerten dies. Die Normannen fielen wiederholt in der Normandie ein, die daher ihren Namen bekam; im Jahre 1066 eroberten sie England. Unter Ludwig VII. beginnt eine lange Serie von kriegerischen Auseinandersetzungen mit England, nachdem Ludwigs geschiedene Frau Eleonore von Poitou und Aquitanien 1152 Heinrich Plantagenet heiratet und damit etwa die Hälfte des französischen Staatsgebiets an England fällt. Philipp II. August kann England zusammen mit den Staufern bis 1299 weitgehend aus Frankreich verdrängen; der englische König Heinrich III. (England) muss zudem Ludwig IX. als Lehnsherrn anerkennen. Ab 1226 wird Frankreich zu einer Erbmonarchie; im Jahre 1250 ist Ludwig IX. der mächtigste Herrscher des Abendlandes.

Nach dem Tod des letzten Kapetingers wird 1328 Philipp von Valois zum neuen König gewählt, er begründet die Valois-Dynastie. Die Bevölkerung Frankreichs wird für diese Zeit auf 15 Millionen geschätzt, und das Land verfügt mit der Scholastik, der gotischen und romanischen Architektur über bedeutende kulturelle Errungenschaften. Thronansprüche, die Eduard III. Plantagenet, König von England und Herzog von Aquitanien, erhebt, führen 1339 zum Hundertjährigen Krieg. Nach großen Anfangserfolgen Englands, das den gesamten Nordwesten Frankreichs erobert, kann Frankreich die Invasoren zunächst zurückdrängen. Eine Rebellion des Burgunds und die Ermordung des Königs führen dazu, dass England sogar Paris und Aquitanien besetzen kann, erst der von Jeanne d'Arc entfachte nationale Widerstand führte zur Rückeroberung der verlorenen Gebiete (mit Ausnahme von Calais) bis 1453. Zusätzlich zum Hundertjährigen Krieg rafft die Pest von 1348 etwa ein Drittel der Bevölkerung dahin.

Jeanne d'Arc. Anonyme Miniaturmalerei, zweite Hälfte des 15. Jahrhunderts

Frühe Neuzeit

Mit der Eingliederung Burgunds und der Bretagne in den französischen Staat befand sich das Königtum auf einem vorläufigen Höhepunkt seiner Macht, wurde jedoch während der Renaissance in dieser Position durch Habsburg, dessen Kaiser Karl V. ein Reich beherrschte, dessen Staaten sich rund um Frankreich gruppierten, bedroht. Ab 1540 breitet sich durch das Wirken von Johannes Calvin der Protestantismus nach Frankreich aus. Die französischen Calvinisten, die als Hugenotten bezeichnet wurden, wurden in ihrer Glaubensausübung stark unterdrückt, die Hugenottenkriege und speziell die Bartholomäusnacht im Jahre 1572 führten zur Auswanderung von Hunderttausenden Hugenotten. Erst der erste Herrscher aus dem Hause Bourbon, Heinrich von Navarra, gewährte den Hugenotten im Edikt von Nantes 1598 Religionsfreiheit.

Die Renaissance-Zeit wird auch von einer stärkeren Zentralisierung geprägt, während welcher der König von der Kirche und dem Adel unabhängig wurde. Es gelang den leitenden Ministern und Kardinälen Richelieu und Jules Mazarin, einen absolutistischen Staat zu errichten. Auf Betreiben Richelieus griff 1635 Frankreich aktiv in den Dreißigjährigen Krieg in Mitteleuropa ein; im Zusammenhang damit kam es zum Krieg gegen Spanien. Im Westfälischen Frieden von 1648 erhielt Frankreich Gebiete im Elsass zugesprochen; das Heilige Römische Reich und Spanien wurden geschwächt, es begann das Zeitalter der französischen Dominanz in Europa, in welcher sich alle Herrscher Europas am Vorbild der französischen Kultur orientierten und in welcher das Französische zur dominierenden Bildungssprache wurde. Die teuren Kriege und die Adelsopposition führten jedoch zum

Staatsbankrott und zum Aufstand der Fronde. Mit dem Edikt von Fontainebleau 1685 wurde die Religionsfreiheit der Hugenotten wieder aufgehoben. Trotz schwerer Strafandrohungen flohen abermals Hunderttausende Hugenotten. Unter Ludwig XIV., dem so genannten *Sonnenkönig*, der 1643 als Vierjähriger inthronisiert wurde und bis 1715 herrschte, erreichte der Absolutismus seinen Höhepunkt, auf dem unter anderem das Schloss Versailles errichtet wurde.

Zeitalter der Revolutionen

Der Sturm auf die Bastille am 14. Juli 1789

Die Kriege, die die absolutistischen Könige führten (etwa Devolutionskrieg, Holländischer Krieg, Pfälzischer Erbfolgekrieg, Spanischer Erbfolgekrieg, Siebenjähriger Krieg, Teilnahme am Amerikanischen Unabhängigkeitskrieg), ihre teure Hofhaltung und Missernten, lösten eine große Finanzkrise aus, die König Ludwig XVI. dazu zwang, die Generalstände einzuberufen, was zur Konstituierung der Nationalversammlung führte, die eine Verfassung ausarbeitete und die Macht des Königs beschränkte und so das *Ancien Régime* beendete. Die sich weiter verschlechternden Lebensbedingungen des Volkes führten 1789 zur Französischen Revolution, nach der die erstmalige Erklärung der Menschen- und Bürgerrechte stattfand, die Kirche enteignet, und sogar ein neuer Kalender eingeführt wurde, und nach der 1791 eine Verfassung mit Frankreich als einer konstitutionellen Monarchie verabschiedet wurde. Nach der versuchten Flucht des Königs wurde dieser verhaftet und 1793 hingerichtet, die Erste Republik wurde verkündet. Die erste Erfahrung mit republikanischer Herrschaft, die auf dem Gleichheitsprinzip beruhte, endete jedoch im Chaos und der Terrorherrschaft unter Robespierre.

Kaiser Napoleon III. wird König Wilhelm von Preußen übergeben

Napoléon Bonaparte ergriff in dieser Situation 1799 mit einem Staatsstreich die Macht als Erster Konsul; 1804 ließ er sich zum Kaiser krönen. In den folgenden Koalitionskriegen brachte er fast ganz Europa unter seine Kontrolle. Sein Russlandfeldzug 1812 wurde jedoch ein Misserfolg, die Völkerschlacht bei Leipzig 1813 besiegelte die Niederlage der französischen Truppen. Während des Exils in Elba regierte mit Ludwig XVIII. wieder ein Bourbone, Napoléon kam 1815 zurück und regierte weitere 100 Tage. Nach der Niederlage in der Schlacht bei Waterloo wurde er endgültig verbannt. Die Restauration brachte wieder die Bourbonen auf den Thron, die daran gingen, das verlorene Kolonialreich wieder aufzubauen. In Frankreich herrschte gleichzeitig die Industrielle Revolution, und eine Arbeiterklasse bildete sich langsam heraus. Die Julirevolution von 1830 stürzte den despotisch regierenden Karl X. und wurde durch den *Bürgerkönig* Louis-Philippe ersetzt. Eine erneute bürgerliche Revolution brachte Frankreich jedoch 1848 die Zweite Republik.

Zum Präsidenten der Zweiten Republik wurde Louis Napoléon Bonaparte gewählt, der sich bereits 1852 zum Kaiser krönen ließ. Unter seiner Herrschaft wurde Opposition gewaltsam unterdrückt, außenpolitisch gelangen jedoch Unternehmen wie der Erwerb von Nizza und Savoyen, die Eingliederung von Äquatorialafrika und Indochina ins Kolonialreich und der Bau des Sueskanals. Seine Herrschaft fällt zusammen mit der Nationalstaatsbildung in Deutschland unter Führung des Norddeutschen Bundes. Der Deutsch-Französische Krieg, den Napoleon III. begann, um einen mächtigen Konkurrenten um die Hegemonie in Europa zu verhindern, endete mit einer Niederlage, Wilhelm I. ließ sich im Spiegelsaal von Versailles zum Kaiser proklamieren. Die *Pariser Kommune*, ein Aufstand, der sich gegen die Kapitulation richtete, wurde mit Gewalt und zahlreichen Todesopfern niedergeschlagen.

Imperlialismus, Kolonialismus, Erster und Zweiter Weltkrieg

Die Dritte Republik währte von 1871 bis 1940. In dieser Zeit dehnte sich das französische Kolonialreich auf eine Fläche von 7,7 Millionen km² aus. Die Industrialisierung Frankreichs führte zu einem Wirtschaftsaufschwung; 1878, 1889 und 1900 veranstaltete Paris drei Weltausstellungen.

Zwischen Frankreich und Großbritannien kam es zu einen Wettlauf um Afrika. Beide Länder praktizierten Imperialismus[22] . Höhepunkt des 'Wettlaufs' war die Faschoda-Krise 1898 zwischen den beiden Ländern. Großbritannien hatte sich zum Ziel gesetzt, einen Nord-Süd-Gürtel von Kolonien in Afrika zu erobern, vom Kap der Guten Hoffnung bis Kairo (Kap-Kairo-Plan). Frankreich wollte dagegen einen Ost-West-Gürtel von Dakar bis Dschibuti. Die Ansprüche beider Staaten kollidierten schließlich in dem kleinen sudanesischen Ort Faschoda. Frankreich gab letztlich kampflos nach; die beiden Länder steckten im März 1899 ihre Interessengebiete ab (Sudanvertrag). Für die III. Französische Republik war die Faschoda-Krise neben dem Panamaskandal (1889 - 1893) und der Dreyfus-Affäre die dritte große Krise innerhalb von zehn Jahren.

L'AURORE

Littéraire, Artistique, Sociale

J'Accuse...!

LETTRE AU PRÉSIDENT DE LA RÉPUBLIQUE

Par ÉMILE ZOLA

J'accuse, Paukenschlag von Émile Zola in der Dreyfus-Affäre

Die Römisch-katholische Kirche in Frankreich praktizierte jahrzehntelang eine antimodernistischen Haltung; unter anderem deshalb wurde Frankreich - auch im Zuge der Dreyfus-Affäre (1894 - 1905) - zu einem ausgeprägt laizistischen Staat (Gesetz zur Trennung von Religion und Staat (Dezember 1905).

1904 schloss Frankreich mit dem Vereinigten Königreich die Entente cordiale und trat in den Ersten Weltkrieg mit dem Ziel ein, Elsass-Lothringen zurückzugewinnen und Deutschland entscheidend zu schwächen. Nach dem Krieg war Frankreich zwar auf der Siegerseite, Nordfrankreich war jedoch weitgehend verwüstet und zu den 1,5 Millionen gefallenen Soldaten kamen 166.000 Opfer der Spanischen Grippe 1918/19.

Die Zwischenkriegszeit war in Frankreich vor allem von politischer Instabilität gekennzeichnet. Im Friedensvertrag von Versailles wurde Deutschland 1919 verpflichtet, hohe Reparationen an die Siegermächte zu leisten. Vor allem der französische Ministerpräsident und Außenminister Poincaré bestand auf einer kompromisslosen und pünktlichen Erfüllung der Leistungen. Französisches Militär nahm Verzögerungen der Lieferungen mehrfach zum Anlass, in unbesetztes Gebiet einzurücken. Zum Beispiel besetzten am 8. März 1921 französische und belgische Truppen die Städte Duisburg und Düsseldorf in der Entmilitarisierten Zone. Wegen der immer größeren wirtschaftlichen Probleme des Deutschen Reiches verzichteten die Alliierten 1922 auf Reparationszahlungen in Form von Geld und forderten statt dessen Sachleistungen (Stahl, Holz, Kohle) ein. Am 26. Dezember stellte die alliierte Reparationskommission einstimmig fest, dass Deutschland mit den Reparationslieferungen im Rückstand war. Als am 9. Januar 1923 die Reparationskommission behauptete, die Weimarer Republik halte absichtlich Lieferungen zurück, nahm Frankreich dies als Anlass zum Einmarsch in das Ruhrgebiet. Poincaré strebte an, Rheinland und Ruhrgebiet eine mit dem Status des Saargebiets vergleichbare Sonderstellung zu geben, bei der die Zugehörigkeit zum Deutschen Reich nur mehr formal gewesen wäre und stattdessen Frankreich eine bestimmende Position gehabt hätte. Großbritannien und die USA betrachteten diesen fait accompli eher skeptisch. Der Ruhrkampf endete im September 1923; der überschuldete deutsche Staat konnte nur durch eine Währungsreform die Hyperinflation stoppen.

Die ab 1934 regierende *Volksfront* war vor allem auf Erhaltung des *Status quo* aus. Dementsprechend schlecht war Frankreich auf den Zweiten Weltkrieg vorbereitet. In ihrem Westfeldzug umgingen die deutschen Truppen die Maginot-Linie, marschierten in ein unverteidigtes Paris ein und Marschall Pétain musste am 22. Juni 1940 den zweiten Waffenstillstand von Compiègne unterzeichnen. Frankreich wurde in eine *zone occupée* und eine *zone libre* geteilt, wobei in letzterer das von Deutschland abhängige konservativ-autoritäre Vichy-Regime regierte. Bereits kurz nach der Unterzeichnung des Waffenstillstands bildeten sich Gruppen der Résistance, in London gründete Charles de Gaulle die Exilregierung *Freies Frankreich.* In der von den Alliierten durchgeführten Operation Overlord wurde Nordfrankreich 1944 zurückerobert, nach der Schlacht um Paris wurde die Stadt im August 1944 unzerstört befreit. Im September bildete de Gaulle eine provisorische Regierung.

Nachkriegszeit und europäische Einigung

Die Verfassung der Vierten Republik war bereits am 13. Oktober 1946 durch einen Volksentscheid beschlossen worden. Frankreich, das sich auf Seiten der Siegermächte wiederfand, wurde zum Gründungsmitglied der UNO und bekam im Sicherheitsrat ein Veto-Recht. Der Wiederaufbau wurde nicht zuletzt mit Unterstützungsleistungen aus dem Marshallplan vorangetrieben. 1949 wurde Frankreich auch Gründungsmitglied der NATO, und 1951 wurde mit der Gründung der Europäischen Gemeinschaft für Kohle und Stahl der erste Schritt zur Europäischen Integration gesetzt. 1957 wurde mit den Römischen Verträge die Europäische Wirtschaftsgemeinschaft gegründet, aus der mittlerweile die Europäische Union geworden ist und wo Frankreich ein aktives wie dominantes Mitglied ist.

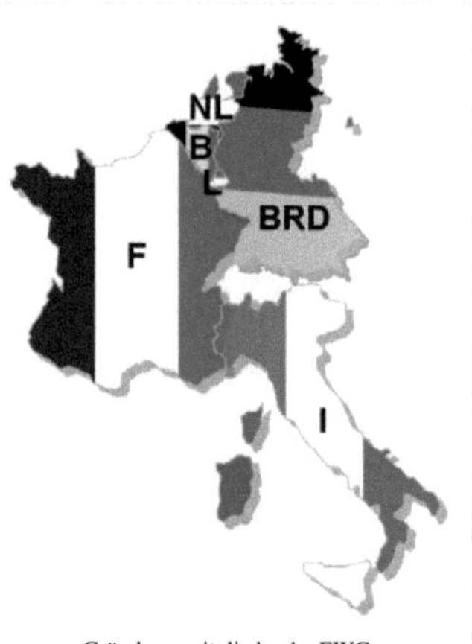

Gründungsmitglieder der EWG

Die Nachkriegszeit ist auch durch den Zerfall des Kolonialreiches geprägt. Der erste Indochinakrieg endet mit der Schlacht von Điện Biên Phủ und dem Verlust aller französischen Kolonien in Südostasien. Einen noch tieferen Schnitt bedeutete der Algerienkrieg, der mit großer Härte geführt wurde und in dessen Konsequenz Algerien in die Unabhängigkeit entlassen werden musste. Hunderttausende Pied-noirs mussten nach Frankreich rückgeführt werden.

Innenpolitisch wurde die instabile Vierte Republik im Jahre 1958 durch die Fünfte Republik abgelöst, die einen starken, von der Legislative weitgehend unabhängigen Präsidenten vorsieht. Diese Fünfte Republik wurde im Mai 1968 stark erschüttert, was langfristig kulturelle, politische und ökonomische Reformen in Frankreich nach sich zog. Nach der Ölkrise von 1973 beschloss Frankreich, sich durch Nutzung der Kernenergie vom Erdöl unabhängiger zu machen. Eine weitere Zäsur war Machtübernahme durch die Sozialistische Partei 1981 und die langjährige Präsidentschaft von François Mitterrand. Während dieser wurden unter anderem massive Verstaatlichungen vorangetrieben, die Todesstrafe und Atomtests abgeschafft, die 39-Stunden-Woche eingeführt und der Vertrag von Maastricht ratifiziert. Sein Nachfolger Jacques Chirac setzte die Einführung des Euro um und brüskierte die USA, indem er - wie Bundeskanzler Gerhard Schröder in Deutschland - die Teilnahme am Irakkrieg verweigerte.[23] [24]

Recht

Gerichtsorganisation

In der Fünften Republik übernimmt der Verfassungsrat (*Conseil constitutionnel*) die Kontrollfunktion innerhalb des politischen Systems. In einem nicht erneuerbaren Mandat ernennen der Staatspräsident, und die Präsidenten der Nationalversammlung und des Senats jeweils drei Abgeordnete für eine Amtszeit von neun Jahren. Der Rat überprüft Gesetze auf Anfrage, überwacht die Gesetzesmäßigkeit von Wahlen und Referenden. Für eine Überprüfung von Gesetzen sind jeweils 60 Abgeordnete der Nationalversammlung (10,4 % der Abgeordneten) oder des Senats (18,1 % der Senatoren) nötig.

Palais de Justice in Paris

Die Todesstrafe wurde in Frankreich 1981 abgeschafft.

Politik

Seit der Annahme einer neuen Verfassung am 5. Oktober 1958 spricht man in Frankreich von der Fünften Republik. Diese Verfassung macht Frankreich zu einer zentralistisch organisierten Demokratie mit einem exekutivlastigen semi-präsidentiellen Regierungssystem. Gegenüber früheren Verfassungen wurde die Rolle der Exekutive und vor allem jene des Präsidenten weitgehend gestärkt. Dies war die Reaktion auf die extreme politische Instabilität in der Vierten Republik. Sowohl Präsident und Premierminister spielen eine aktive Rolle im politischen Leben, wobei der Präsident nur dem Volk gegenüber verantwortlich ist. Die Macht des Parlaments wurde in der fünften Republik eingeschränkt, die Verfassung hat ihm jedoch entscheidende Kontrollfunktionen übertragen.

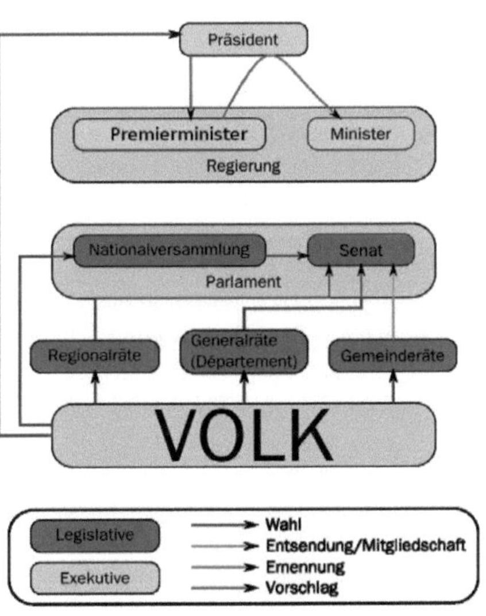

Organigramm des politischen Systems der Fünften Französischen Republik

Die Verfassung enthält keinen Grundrechtekatalog, sondern verweist auf die Erklärung der Menschen- und Bürgerrechte von 1789 und die in der Verfassung der Vierten Französischen Republik von 1946 festgehaltenen sozialen Grundrechte.

Exekutive

Verfassungsgemäß ist der direkt durchs Volk gewählte Staatspräsident das höchste Staatsorgan. Er steht über allen anderen Institutionen. Er wacht über die Einhaltung der Verfassung, sichert das Funktionieren der öffentlichen Gewalten, die Kontinuität des Staates, die Unabhängigkeit, die Unverletzlichkeit des Staatsgebietes und die Einhaltung von mit anderen Staaten geschlossenen Abkommen. Er tritt als Schiedsrichter bei Streitigkeiten zwischen staatlichen Institutionen auf.[25] Er verkündet Gesetze und hat das Recht, sie dem Verfassungsrat zur Prüfung vorzulegen. Er darf Gesetze oder Teile davon an das Parlament zur Neuberatung zurückweisen, hat aber kein Vetorecht. Dekrete und Verordnungen werden vom Ministerrat, dessen Vorsitz der Präsident führt, beschlossen; gegenüber diesen hat der Präsident jedoch ein aufschiebendes Veto.[26] Hinsichtlich der Außen- und Sicherheitspolitik verfügt der Staatspräsident sowohl über die Richtlinien- und über die Ratifikationskompetenz, sodass er sowohl die Außenpolitik gestaltet als auch völkerrechtliche Vereinbarungen für Frankreich verbindlich eingeht. Diese Praxis schälte sich in der Regierungszeit de Gaulles heraus und ist nicht zwingend der Verfassung zu entnehmen.[27] Auf Antrag der Regierung oder des Parlamentes darf der Präsident Volksabstimmungen initiieren. Er ernennt Mitglieder wichtiger Gremien, etwa drei der neun Mitglieder des Verfassungsrates, alle Mitglieder des Obersten Rates für den Richterstand sowie die Staatsanwälte. Der Staatspräsident ist keiner Kontrolle durch die Judikative unterworfen, dem Parlament gegenüber ist er nur bei Hochverrat verantwortlich. Des Weiteren befiehlt der Staatspräsident über die Streitkräfte und den Einsatz der Atomwaffen; im Falle der Ausrufung des Notstandes hat der Präsident fast unbeschränkte Autorität. Dem Präsidenten steht das Präsidialamt als Berater und Unterstützer zur Seite.

Der Präsident leitet die ihm verliehene staatliche Autorität an den Premierminister und die Regierung weiter, wobei die Regierung die vom Präsidenten vorgegebenen Richtlinien umzusetzen hat. Dies erfordert eine enge Zusammenarbeit zwischen Präsidenten und Premierminister, die in einer *Cohabitation* schwierig sein kann, also wenn Präsident und Premierminister aus zwei entgegengesetzten politischen Lagern kommen. Der Präsident ernennt formell ohne jegliche Einschränkungen einen Premierminister und, auf Vorschlag des Premierministers, die Regierungsmitglieder. Die Regierung hängt in der Folge vom Vertrauen des Parlamentes ab, der Präsident kann eine einmal ernannte Regierung formal nicht entlassen. Die Regierung besteht aus Ministern, Staatsministern, *ministres délegués*, also Ministern mit speziellen Aufgaben, und Staatssekretären. Regierungsmitglieder dürfen in Frankreich kein anderes staatliches Amt, keine sonstige Berufstätigkeit oder Parlamentsmandat ausüben. Sie sind in ihrer Funktion dem Parlament verantwortlich.[28]

Legislative

Das Parlament der V. Republik besteht aus zwei Kammern. Die Nationalversammlung (*Assemblée Nationale*) hat 577 Abgeordnete, die direkt auf fünf Jahre gewählt werden. Der Senat hat 317 Mitglieder (ab 2010 346 Mitglieder). Diese werden indirekt für eine Amtszeit von sechs Jahren gewählt. Die Wahl des Senats wird auf Ebene der Départements durchgeführt, wobei das Wahlkollegium aus den Abgeordneten des Départements, den Generalräten und Gemeindevertretern besteht.

Das Palais Bourbon, Sitz der Nationalversammlung

Die Initiative für Gesetze kann vom Premierminister oder einer der beiden Parlamentskammern ausgehen. Nach der Debatte in den Kammern muss der Gesetzestext von beiden Kammern gleichlautend verabschiedet werden, wobei das Weiterreichen des Textes als *navette* bezeichnet wird. Nach der Annahme durch das Parlament hat der Präsident nur einmal das Recht, einen Gesetzestext zurückzuweisen. Das Parlament hat weiters die Aufgabe, die Arbeit der Regierung durch Anfragen und Aussprachen zu kontrollieren. Die Nationalversammlung hat die Möglichkeit, die Regierung zu stürzen. Das Parlament hat nicht die Befugnis, den Staatspräsidenten politisch herauszufordern.[29] Der Staatspräsident darf jedoch die Nationalversammlung auflösen; von diesem Recht wurde in der Vergangenheit wiederholt Gebrauch gemacht, um schwierige Phasen der *Cohabitation* zu beenden.[30]

Staatshaushalt

(Quelle: Eurostat [31])

1974 hatte der Staatshaushalt zum letzten Mal *keine* Neuverschuldung; er war ausgeglichen.[32] 2010 umfasste er Ausgaben von 1.094 Milliarden Euro, dem standen Einnahmen von 957 Milliarden Euro gegenüber. Daraus ergibt sich ein Haushaltsdefizit in Höhe von 137 Milliarden Euro beziehungsweise 7,1 % des BIP.[33]
Die Staatsverschuldung betrug 2010 1.591 Milliarden Euro oder 82,3 % des BIP.[33] Damit liegen Neuverschuldung und Verschuldungsgrad weit über der in den EU-Konvergenzkriterien ("Maastricht-Kriterien") genannten Obergrenzen von 3 % p.a. bzw. 60 % (Art. 126 [34] AEU-Vertrag).

Ende 2012 wird der Schuldenstand auf rund 88 Prozent des Bruttoinlandsprodukts steigen. Der größte Posten im Budget sind die Zinszahlungen: insgesamt rund 48,8 Milliarden Euro. Das Schatzamt (siehe auch Agence France Trésor) hat die Ermächtigung, Staatsanleihen im Wert von 179 Milliarden Euro auszugeben, um die Schuldenlast zu finanzieren.Im Rahmen der Staatsschuldenkrise im Euroraum wurde Frankreich im Januar 2012 von der Ratingagentur Standard & Poor's herabgestuft; Präsident Sarkozy hat angekündigt, in den kommenden fünf Jahren rund 65 Milliarden Euro im Haushalt einsparen zu wollen, falls er bei den Französischen Präsidentschaftswahl 2012 wiedergewählt wird.[32]

Jahr	1999	2000	2001	2002	2003	2004	2005	2006	2007	2008	2009	2010
Staatsverschuldung	58,9 %	57,3 %	56,9 %	58,8 %	62,9 %	64,9 %	66,4 %	63,7 %	63,8 %	67,5 %	78,1 %	82,3 %
Haushaltssaldo	-1,8 %	-1,5 %	-1,5 %	-3,1 %	-4,1 %	-3,6 %	-2,9 %	-2,3 %	-2,7 %	-3,3 %	-7,5 %	-7,1 %
Quelle: Eurostat[35]												

2006 betrug der Anteil der Staatsausgaben (in % des BIP) folgender Bereiche:

- Gesundheit:[36] 11,0 %
- Bildung: 5,7 % (2005)
- Militär: 2,6 % (2005)

Politische Parteien

Die französische Parteienlandschaft zeichnet sich durch einen hohen Grad der Zersplitterung und hohe Dynamik aus. Neue Parteien entstehen und existierende Parteien ändern häufig ihre Namen. Die Namen der Parteien geben nur sehr bedingt über ihre ideologische Ausrichtung Aufschluss, denn es ist zu einer gewissen Begriffsentfremdung gekommen. Französische Parteien haben in der Regel relativ wenige Mitglieder und eine schwache Organisationsstruktur, die sich häufig auf Paris als dem Ort, wo die meisten Entscheidungen getroffen werden, konzentriert.[37] Die politische Linke wird von der kommunistischen Parti communiste français, der sozialistischen Parti socialiste und der Parti radical de gauche besetzt. Die Parti socialiste stellte hingegen den langjährigen Präsidenten François Mitterrand und mehrere Premierminister. Die grüne Partei in Frankreich heißt Les Verts, wobei grüne Politik in Frankreich tendenziell weniger Zulauf genießt als in den deutschsprachigen Staaten. Die wichtigste Zentrumspartei ist die erst 2007 gegründete Mouvement démocrate. Zum konservativen Lager gehört die Union pour un mouvement populaire, die momentan den Präsidenten und den Premierminister stellt. Weiterhin ist der Mouvement pour la France eher noch zum bürgerlichen Lager zu zählen, während der Front National zum Rechtsextremismus gehört.

Innenpolitik

Momentan stellt das konservative Lager des amtierenden Staatspräsidenten Nicolas Sarkozy mit 345 Sitzen die absolute Mehrheit in der Nationalversammlung.

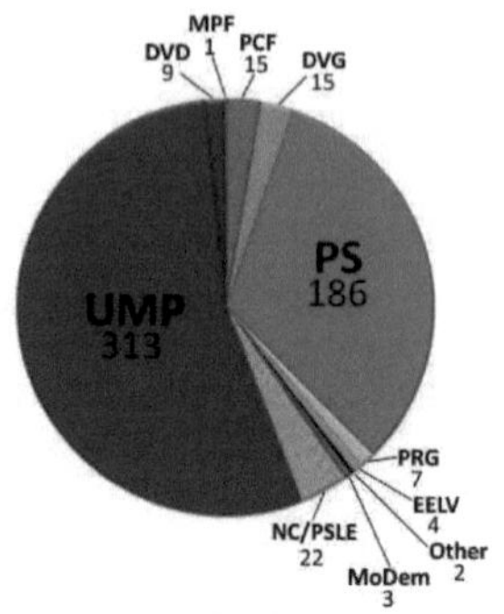

Sitzverteilung der Nationalversammlung 2007–2012

Am 6. Mai 2007 gewann Nicolas Sarkozy, der Präsidentschaftskandidat der UMP, mit gut 53 % der Stimmen die Präsidentschaftswahl. Seine Kontrahentin, die Sozialistin Ségolène Royal, erreichte knapp 47 Prozent.

Am 16. Mai 2007 folgte Sarkozy Jacques Chirac im Amt des französischen Staatspräsidenten. In den darauffolgenden Tagen ernannte er den früheren Sozial- und Bildungsminister François Fillon zum neuen Premierminister und stellte das neue Kabinett vor, dem auch Politiker des Zentrums und der Sozialisten angehören.

Als wichtigste innenpolitische Vorhaben nannte die Regierung die Erhöhung der Kaufkraft der Bürger, eine Flexibilisierung der Arbeitszeiten, insbesondere durch die Abschaffung der 35-Stunden-Woche sowie ein härteres Vorgehen gegen Kriminalität. Während seiner Zeit als Innenminister und seit der Wahl zum Präsidenten sah sich Sarkozy wiederholt mit Schwierigkeiten in der Banlieue, den Vorstadtsiedlungen großer Städte, konfrontiert. Immer wieder kommt es hier zu Sachbeschädigungen durch Vandalismus und zu Zusammenstößen zwischen der Polizei und Jugendlichen. Im Oktober 2005 hatten die Konflikte einen Höhepunkt erreicht und griffen von Paris in andere Städte über, nachdem zwei Jugendliche einen Unfalltod erlitten hatten.

Außen- und Sicherheitspolitik

Europapolitik

Frankreich ist Gründungsmitglied der Europäischen Union (Parlamentsgebäude in Brüssel)

Leitlinie der französischen Außenpolitik ist die zunehmende Integration Europas mit dem Ziel einer politischen Einigung. Nach dem Zweiten Weltkrieg gaben Deutschland und Frankreich unter dem Eindruck der Kriegserlebnisse ihre Erbfeindschaft auf, die eine grundsätzliche Gefährdung des europäischen Friedens darstellte, und verfolgten die Aussöhnung untereinander. Frankreich ist Gründungsmitglied der Europäischen Union. Mittlerweile betreiben Frankreich und Deutschland eine oftmals kongruente Europapolitik, sodass es Pläne gibt, aus diesen beiden Ländern ein „Kerneuropa“ zu bilden, das die europäische Einigung nötigenfalls auch gegen einige andere EU-Mitglieder vorantreibt.

Indirekt ist dieser Prozess auch gegen ein als solches wahrgenommenes imperiales Streben der Vereinigten Staaten von Amerika, deren überbordende Machtfülle Frankreich mit der Schaffung einer multipolaren Weltordnung relativieren will.

Generell folgen Frankreichs Grundinteressen in der EU jedoch dem intergouvernementalen Ansatz, welcher zunächst keine Übertragung weiterer Kompetenzen auf die EU-Ebene vorsieht. Zentrales Ziel der französischen Europapolitik ist, die Führungsrolle Frankreichs in Europa zu festigen. Aufgeweicht wird diese Position jedoch teilweise durch neue pragmatische Ansätze. Besonders in der Klima- und Energie-, der Wirtschafts- und Finanz- sowie der Sicherheits- und Verteidigungspolitik ist Frankreich vermehrt Vorreiter europäischer Positionen. Der grundsätzliche Fokus auf nationalen Interessen bleibt allerdings erhalten.[38]

Aufsehen erregte das französische "Non" im nationalen Referendum zum Entwurf des Vertrags über eine Verfassung für Europa 2005, welches neben dem negativen Referendum der Niederländer maßgeblich zum Scheitern des Verfassungsvertrags beitrug. Das französische Selbstverständnis als Motor der europäischen Integration wurde hierdurch geschwächt.[39] Abhilfe versuchte der neue französische Präsident Nicolas Sarkozy zu schaffen, als er bei seinem Amtsantritt 2007 Frankreichs „Rückkehr nach Europa“ forderte. Die EU sollte somit wieder als Teil des französischen Selbstverständnisses betrachtet werden.[40]

In der aktuellen Eurokrise setzen sich Frankreich und Deutschland weitestgehend für gemeinsame Positionen ein. Dies spiegelt sich in häufigen bilateralen Gesprächen zwischen Bundeskanzlerin Angela Merkel und Nicolas Sarkozy, auch im Vorfeld offizieller Gipfeltreffen, wider.

Wichtige Anliegen Frankreichs auf EU-Ebene sind der Aufbau einer europäischen Sicherheits- und Verteidigungspolitik ein, ebenso wie die Schaffung einer neuen Mittelmeerunion.[41] Die EU-Ratspräsidentschaft hatte das Land zuletzt im 2. Halbjahr 2008 inne.

Sicherheitspolitik

Eine weitere Säule der französischen Außenpolitik ist die internationale Kooperation auf dem Gebiet der Sicherheitspolitik und der Entwicklungshilfe bei ständiger Wahrung der französischen Souveränität. Dazu ist Frankreich Mitglied in zahlreichen sicherheitspolitischen Organisationen wie der OSZE und hat am Eurocorps teil. Außerdem engagiert sich Frankreich in der atomaren Abrüstung, hat bisher jedoch nicht verlautbaren lassen, auf das Potenzial der *Force de frappe* zu verzichten.

Frankreich ist zudem ständiges Mitglied im UNO-Sicherheitsrat mit Vetorecht. Über die Vereinten Nationen koordiniert es seine internationale Entwicklungszusammenarbeit und sein humanitäres Engagement.

NATO

Frankreich war 1949 Gründungsmitglied des Nordatlantikvertrages (NATO) und erhielt militärischen Schutz durch die USA. Mit der Machtübernahme von de Gaulle 1958 änderten sich die Beziehungen zu den USA und zu der von den USA dominierten NATO dahingehend, dass Frankreich 1966 seine militärische Integration in die Strukturen der NATO aufgab und ausschließlich politisch integriert blieb. Im März 2009 kündigte Präsident Sarkozy die vollständige Rückkehr Frankreichs in die Kommandostruktur der NATO an. Das französische Parlament bestätigte am 17. März 2009 diesen Schritt, indem es Sarkozy das Vertrauen ausgesprochen hatte.[42]

Unter de Gaulles Führung entwickelte sich Frankreich 1960 zu einer Atommacht und verfügte ab 1965 mit der Force de frappe über Atomstreitkräfte, die zunächst 50 mit Atombomben (Kernwaffen) ausgestattete Flugzeuge in Dienst stellte. 1968 hatte Frankreich bereits 18 Abschussrampen für Mittelstreckenraketen aufgestellt, die 1970 und 1971 mit Atomsprengköpfen ausgestattet wurden. In den 1970er Jahren erweiterte Frankreich seine Atommacht auch auf See. Vier Atom-U-Boote verfügen über je 16 atomar bestückte Mittelstreckenraketen.

Kulturpolitik

Ebenfalls von großer Bedeutung für die französischen Außenbeziehungen ist die französische Kulturpolitik und die Förderung der Frankophonie. International hat die französische Sprache mit ungefähr 140 Millionen Sprechern einen hohen Stellenwert. Dies unterstützt das französische Außenministerium mit einer Unterabteilung namens AEFE, deren etwa 280 Schulen in ungefähr 130 Ländern von rund 16.000 Jugendlichen besucht werden. Die Leistungen der knapp 1.000 Lokalitäten der *Agence française* nehmen ungefähr 200.000 Studenten in aller Welt in Anspruch.[43]

Marianne, die Nationalfigur Frankreichs

Hinzu kommt ein Engagement auch nach Ende der Kolonialherrschaft in Afrika, wo Frankreich bis heute in vielen Ländern die bestimmende Ordnungsmacht geblieben ist.

Militär

Frankreich hat einen der höchsten Rüstungsetats der Welt und gehört zu den führenden Militärmächten sowie zum Kreis der offiziellen Atomwaffenstaaten. Die französischen Streitkräfte *(Les forces armées françaises)* sind seit Ende 1990er Jahre eine Berufsarmee und umfassen 350.000 Männer und Frauen [44] . 20.000 Soldaten sind in den Überseedepartements und -territorien stationiert, weitere 8.000 in afrikanischen Staaten, mit denen Verteidigungsabkommen vereinbart wurden. Die Streitkräfte teilen sich dabei in die drei klassischen Sektoren Heer *(Armée de Terre)*, Luftwaffe *(Armée de l'air)*, Marine *(Marine nationale)*. Frankreichs Nuklearstreitkräfte *(Force de dissuasion nucléaire)* mit ca. 348 bis 350 Sprengköpfen stellt die Marine und zum kleineren Teil die Luftwaffe. Des Weiteren ist die *Gendarmerie Nationale*, eine zentrale Polizeibehörde, dem Verteidigungsministerium unterstellt. Militärisches und populärkulturelles Aushängeschild des französischen Militärs ist die Fremdenlegion *(Légion étrangère)*.

Administrative Gliederung

Frankreich gilt spätestens seit Ludwig XIII. und Kardinal Richelieu als Inbegriff des zentralisierten Staates. Zwar wurden später Maßnahmen zur Dezentralisierung ergriffen, diese hatten jedoch eher den Zweck, die Zentralgewalt näher zum Bürger zu bringen. Erst seit der Verwaltungsreform der Jahre 1982 und 1983 wurden Kompetenzen von der Zentralregierung auf die Gebietskörperschaften verlagert.[45]

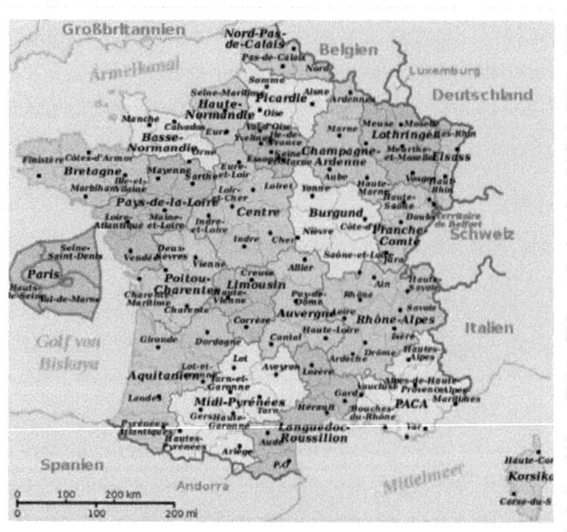

Administrative Gliederung Frankreichs

Auf oberster Ebene ist Frankreich in 26 *Régions* gegliedert. Regionen gibt es erst seit 1964, seit 1982/83 haben sie den Status einer Gebietskörperschaft. Jede Region wählt einen Regionalrat (*Conseil régional*), der wiederum einen Präsidenten wählt. Weiterhin ernennt der französische Staatspräsident einen Regionalpräfekten. Regionen sind zuständig für die Wirtschaft, die Infrastruktur der Berufs- und Gymnasialausbildung und finanzieren sich über Steuern, die sie einheben dürfen, und über Transferzahlungen der Zentralregierung.[46] Korsika hat unter den Regionen einen Sonderstatus und wird als *Collectivité territoriale* bezeichnet. Fünf Regionen (Guadeloupe, Martinique, Französisch-Guayana, Mayotte und La Réunion) befinden sich in Übersee und hatten bis zur Verfassungsänderung 2003 den Status eines *Überseedépartements*. Die Regionen bilden die europäische Statistikebene NUTS-2 (auf der übergeordneten Ebene NUTS-1 bestehen 8+1 *Zones d'études et d'aménagement du territoire* (ZEAT, Raumplanungs- und -ordnungszonen)).

Eine Region ist ihrerseits in Départements unterteilt. Départements ersetzten 1790 die traditionellen Provinzen, um den Einfluss der lokalen Machthaber zu brechen. Von den heute 101 Départements liegen 96 in Europa. Die hohe Zahl dieser relativ kleinen Verwaltungseinheiten ist immer wieder Gegenstand von Diskussionen. Départements wählen einen Generalrat (*Conseil général*), der einen Präsidenten als Exekutivorgan wählt. Erster Mann im Département ist jedoch der vom französischen Staatspräsidenten ernannte Präfekt. Départements haben die Aufgabe, sich um das Sozial- und Gesundheitswesen, die *Collèges*, Kultur- und Sporteinrichtungen, Departementsstraßen und den Sozialbau zu kümmern.[47] [48] Sie dürfen Steuern einheben und bekommen Transferzahlungen der Zentralregierung. Die Départements bilden die europäische Statistikebene NUTS-3.

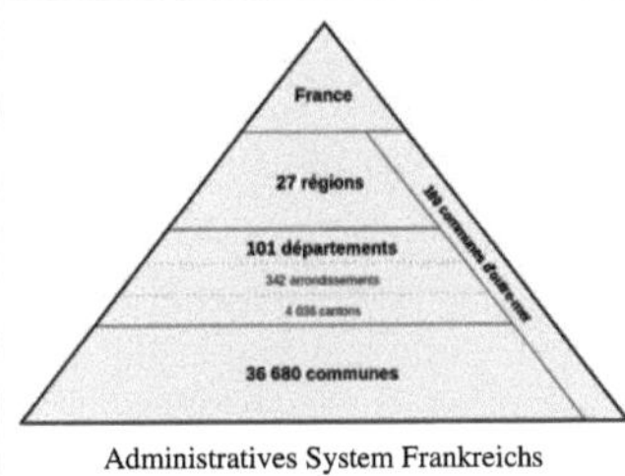

Administratives System Frankreichs

Die 325 Arrondissements stellen keine eigene Rechtspersönlichkeit dar. Sie dienen vorrangig der Entlastung der Départementsverwaltung. Ebenso dienen die 4036 Kantone nur noch als Wahlbezirk für die Wahl der Generalräte. Die Arrondissements der Städte Paris, Lyon und Marseille haben den Status von Kantonen.[49] [50]

Die kleinste und gleichzeitig älteste organisatorische Einheit des französischen Staates sind die Gemeinden (*communes*). Sie folgten 1789 den Pfarreien und Städten nach. Anfang 2009 gab es 36.682 Gemeinden, davon 112 in Übersee.[49] Trotz der hohen Zahl der Gemeinden, die größtenteils nur sehr wenige Einwohner haben, gab es in den letzten Jahren kaum Bemühungen um eine Gemeindereform. Jede Gemeinde wählt einen Gemeinderat (*Conseil municipal*), der dann aus seiner Mitte einen Bürgermeister wählt. Seit 1982 haben die Gemeinden deutlich mehr Rechte und werden vom Staat weniger bevormundet. Auf Gemeindeebene werden Grundschulbildung, Stadtplanung, Abfallbeseitigung, Abwasserreinigung und Kulturaktivitäten organisiert; auch sie finanzieren sich über eigene Steuern und Transferzahlungen.[51] [52]

Verwaltungsrechtliche Sonderstatus gelten für die Départementskörperschaft (*Collectivité départementale,*) Mayotte, die Gebietskörperschaft (*Collectivité territoriale*) Saint-Pierre und Miquelon, die Überseeterritorien (*Territoires d'outre-mer*, T.O.M.) Französisch-Polynesien, Neukaledonien, Wallis und Futuna, Saint-Barthélemy, Saint-Martin und die Französischen Süd- und Antarktisgebiete (*Terres australes et antarctiques françaises,* T.A.A.F.) sowie die Îles éparses und die Clipperton-Insel.

Frankreich sowie seine Überseeregionen, -départements sowie Saint-Barthélemy und Saint-Martin sind Teil der EU. Die restlichen Überseegebiete sind nicht EU-Mitglieder. In Frankreich erlassene Gesetze gelten in den T.O.M. nur, wenn dies ausdrücklich erwähnt ist.

Verkehr

Straßenverkehr

Ein dichtes Autobahnnetz verbindet in erster Linie den Großraum Paris mit den Regionen. Dabei wurde in erster Linie das auf Paris zu laufende Netz der Nationalstraßen ausgebaut. Nach und nach werden auch Querverbindungen zwischen den einzelnen Großräumen geschaffen. Die Verkehrswege Frankreichs gehören dem Staat, die meisten Autobahnstrecken werden seit 2006 aber privat betrieben, an Mautstellen müssen alle Benutzer Maut zahlen.[53] Nur wenige Abschnitte sind mautfrei, zum Beispiel im Bereich der Großstädte, die neue A75 oder die elsässische A35. Dabei gilt wiederum die Ausnahme, dass bestimmte, besonders aufwändige Autobahnabschnitte auch innerhalb des Großstadtbereichs Maut kosten (z. B. Nordumgehung von Lyon oder A14 bei Paris).

Schienenverkehr

Der öffentliche Nahverkehr ist in großen Zentren hervorragend ausgebaut. In Paris ist kein Ort weiter als 500 Meter von einer Station der Métro entfernt. Auch in anderen Städten werden die U-Bahnen mit großem Aufwand ausgebaut, zum Beispiel in Lyon, Lille, Marseille oder Toulouse. Außerhalb der großen Zentren wird der Nahverkehr hingegen nur spärlich betrieben.

Das TGV-Netz

Landesweit wurde seit Anfang der 1980er Jahre das Netz des Hochgeschwindigkeitszugs Train à grande vitesse (TGV) konsequent ausgebaut. Das Netz wird weiter ausgebaut und erreicht dabei auch zunehmend die Nachbarländer. Für Deutschland ist vor allem der Neubau der Ligne à grande vitesse (LGV, dt. Hochgeschwindigkeitsstrecke) Est européenne Richtung Straßburg und Süddeutschland beziehungsweise Richtung Saarbrücken und Mannheim relevant. Der Thalys verbindet Paris mit Brüssel, Aachen und Köln.

Seit 2003 muss die Staatsbahn Société Nationale des Chemins de fer Français (SNCF) sich privater Konkurrenz stellen. De facto hat sie aber landesweit noch ein Fast-Monopol.

Luftverkehr

Der Luftverkehr ist in Frankreich stark zentralisiert: Die beiden Flughäfen der Hauptstadt Paris (Charles de Gaulle und Orly) fertigten 2008 gemeinsam 87,1 Millionen Fluggäste ab.[54] Charles de Gaulle ist dabei der zweitgrößte Flughafen Europas und zentrales Drehkreuz der Air France. Er wickelt auch praktisch den gesamten Langstreckenverkehr ab. Die größten Flughäfen außerhalb von Paris sind jene von Nizza mit 10 Millionen Passagieren, danach folgen Lyon und Marseille. Air France, die führendes Mitglied der Allianz SkyTeam ist, fusionierte 2004 mit KLM zu Air France-KLM und ist seitdem eine der größten Fluggesellschaften der Welt.

Terminal 1 von Paris-Charles de Gaulle

Schiffsverkehr

Frankreich hat die natürlichen und künstlichen Binnenwasserstraßen (Flüsse und Kanäle) aus wirtschaftlichen und militärischen Beweggründen in seiner Geschichte stark entwickelt und ausgebaut. Seine Hochblüte erlebte das Wasserwegenetz im 19.Jahrhundert mit einer Länge von 11.000 Kilometern. Durch Konkurrenz von Schiene und Straße ist es bis heute auf rund 8.500 Kilometer zurückgegangen. Es wird zum Großteil von der staatlichen Wasserstraßenverwaltung Voies navigables de France (VNF) verwaltet und betrieben.

2007 wurden von der Frachtschifffahrt auf Frankreichs Wasserstraßen Güter mit einem Gesamtgewicht von 61,7 Millionen Tonnen befördert. Bezieht man die Distanz in die Statistik ein, ergibt sich ein Wert von 7,54 Milliarden Tonnen-Kilometer. Über die letzten 10 Jahre bedeutet dies eine Steigerung um 33 Prozent. Die Personenschifffahrt hat heute nur noch touristische Bedeutung, ist aber ein aufstrebender Wirtschaftsfaktor.

Der Canal Seine-Nord Europe (CSNE) ist das Projekt eines neuen, 106 km langen Kanals in Süd-Nord-Richtung durch Nordfrankreich zwischen den Einzugsgebieten der Flüsse Seine und Schelde. Das Projekt ist in den Verkehrswegeplan der Europäischen Union aufgenommen. Der Kanal soll 2016 in Betrieb genommen werden.

Wirtschaft

Allgemeines

Traditionell ist in Frankreich die Wirtschaftspolitik von vergleichsweise starken staatlichen Eingriffen gelenkt. Hier spielt die historische Rolle des Merkantilismus – im Speziellen des Colbertismus – im Land eine Rolle.

Frankreich ist Teil des Europäischen Binnenmarkts. Zusammen mit 16 EU-Mitgliedstaaten (blau) bildet es eine Währungsunion, die Eurozone.

Frankreich ist eine gelenkte Volkswirtschaft, die in den letzten Jahren zunehmend dereguliert und privatisiert wurde. Ein staatlicher Mindestlohn, der SMIC, sichert den Angestellten einen Stundenlohn von 8,86 Euro.[55]

Wein steht aufgrund der zahlreichen Weinbaugebiete in der französischen Ausfuhrliste an fünfter Stelle: nach Autos, Flugzeugen, pharmazeutischen Produkten und Elektronik. Auch der Tourismus spielt eine große Rolle.

Das Bruttoinlandsprodukt (BIP) stieg im Durchschnitt der Jahre 1995 bis 2005 um 2,1 % jährlich und erreichte 2005 den Wert von 1.689,4 Milliarden Euro. Im Vergleich mit dem BIP der EU ausgedrückt in Kaufkraftstandards erreicht Frankreich einen Index von 111,4 (EU-25:100) (2003).[56]

Die Erwerbstätigenstruktur hat sich gegenüber früher grundlegend gewandelt. So arbeiteten 2003 nur noch 4 % der Erwerbstätigen in der Land- und Forstwirtschaft und Fischerei, in der Industrie waren es 24 %, wohingegen 72 % im Dienstleistungsbereich tätig waren.

Deutschland ist der wichtigste Handelspartner Frankreichs (2003): Es exportiert 14,9 % seines Exportvolumens nach Deutschland, das seinerseits am Import mit 19,1 % beteiligt ist. Frankreich importierte 2009 Waren im Wert von ca. 532,2 Milliarden US-Dollar und exportierte Waren im Wert von ca. 456,8 Milliarden US-Dollar und hat damit ein Handelsdefizit.[57] [58]

Unternehmen

Die größten französischen Unternehmen 2003 ohne Banken und Versicherungen

1. Total – Umsatz 104,7 Milliarden € – 111.000 Beschäftigte
2. Carrefour – Umsatz 70,5 Milliarden € – 419.000 Beschäftigte
3. PSA Peugeot Citroën – Umsatz 54,2 Milliarden € – 200.000 Beschäftigte
4. France Télécom – Umsatz 46,1 Milliarden € – 222.000 Beschäftigte
5. EDF – Umsatz 44,9 Milliarden € – 167.000 Beschäftigte
6. Suez – Umsatz 39,6 Milliarden € – 171.000 Beschäftigte
7. Les Mousquetaires – Umsatz 38,4 Milliarden € – 112.000 Beschäftigte
8. Renault – Umsatz 37,5 Milliarden € – 160.000 Beschäftigte
9. Publicis Groupe – Umsatz 32,2 Milliarden € – 35.000 Beschäftigte
10. Saint-Gobain – Umsatz 29,6 Milliarden € – 172.000 Beschäftigte
11. Groupe Auchan – Umsatz 28,7 Milliarden € – 156.000 Beschäftigte
12. Veolia Environnement – Umsatz 28,6 Milliarden € – 257.000 Beschäftigte

13. Centres Leclerc – Umsatz 27,2 Milliarden € – 84.000 Beschäftigte

Energieversorgung

Das Kernkraftwerk Cattenom in Lothringen

Die Energiewirtschaft Frankreichs beschäftigte 2008 194.000 Personen (0,8 % der Erwerbsbevölkerung) und trug 2,1 % zum BIP bei.[59] Ursprünglich verfügte Frankreich über reiche Kohlevorkommen, die Kohleförderung erreichte jedoch bereits 1958 mit der Förderung von 60 Millionen Tonnen ihren Höhepunkt. 1973 förderte man noch 29,1 Millionen Tonnen, 2004 schloss mit La Houve in Lothringen die letzte Kohlegrube Frankreichs. Kohle wird heute vor allem aus Australien, den USA und Südafrika importiert und in der Stahlindustrie und Wärmekraftwerken (6,9 GW installierte Leistung) verwendet.[60]

Lage kerntechnischer Anlagen in Frankreich

Frankreich verfügt über sehr geringe Vorkommen an Erdöl und Erdgas, die den Gesamtverbrauch des Landes für gerade zwei Monate decken könnten. Neben den knapp 1 Million Tonnen Öl, die jährlich in Frankreich selbst gefördert werden, wird Erdöl aus dem Nahen Osten (22 %), den Nordsee-Anrainerstaaten (20 %), Afrika (16 %) und der früheren Sowjetunion (29 %) importiert. Insgesamt verbrauchte Frankreich 2008 82 Millionen Öleinheiten an Erdölprodukten, davon knapp die Hälfte für den Verkehr. Die 13 Raffinerien des Landes können 98 Millionen Tonnen Öl jährlich verarbeiten.[61] 22 % des Energieverbrauches wird von Erdgas abgedeckt, vor allem im Wohnbereich und in der Industrie. Das Erdgas im Wert von 26 Milliarden Euro, das Frankreich 2008 importierte, stammte vor allem aus Norwegen, Russland, Algerien und den Niederlanden.[62]

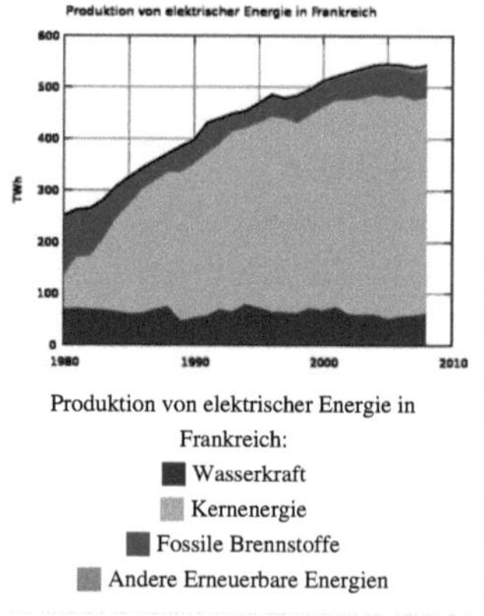

Produktion von elektrischer Energie in Frankreich:
Wasserkraft
Kernenergie
Fossile Brennstoffe
Andere Erneuerbare Energien

Die Ölpreisschocks der 1970er Jahre veranlassten die Regierung ein Nuklearprogramm zu initiieren, auch bekannt als Messmer-Plan. Die Arbeit an den ersten drei Kernkraftwerken Tricastin, Gravelines, und Dampierre begann 1974. Die Wiederaufarbeitungsanlage La Hague wurde 1976 der Staatsfirma Cogema übergeben, um abgebrannte Brennelemente nach dem PUREX-Prozess zu recyceln. Mit dem Bau der Gasdiffusionsanlage Georges Besse I wurde 1975 begonnen, der Betrieb wurde 1979 aufgenommen. Bereits 15 Jahre später waren 56 Reaktoren in Betrieb. Von den 44 Millionen Öleinheiten an Energie, die Frankreich 1973 produzierte, waren noch 9 % Atomenergie. 2008 wurden 137 Millionen Öleinheiten produziert, davon waren 84 % Atomenergie. Zu Beginn des Jahres 2009 waren in Frankreich 21 Kernkraftwerke mit 59 Reaktoren und einer Gesamtleistung von 63,3 GW am Netz.

Die Kernkraftwerke Frankreichs basieren auf vier verschiedenen Designs. Die Ersten sind Kraftwerke vom Typ CP0, CP1 und CP2 welche etwa 900 MWe Leistung besitzen und hauptsächlich zwischen 1970 und 1980 errichtet wurden. Gegenüber der CP0- und CP1-Serie wurde bei der CP2-Serie die Redundanz erhöht, ab CP1 kann in Notfällen auch Wasser ins Containment gesprüht werden. Diese

Reaktoren wurden sehr erfolgreich exportiert, zum Beispiel für das Kernkraftwerk Koeberg und Uljin oder die chinesische CPR-1000-Reaktorbaureihe. Die nachfolgende Baureihe P4 und P'4 liefert etwa 1300 MWe Leistung, das Kernkraftwerk Cattenom gehört zu dieser Bauart. Davon abgewandelt wurde das N4 Design in Civaux und Chooz mit 1450 MWe. Die neuste Baureihe ist der EPR, welcher sich mit Kernfänger, Doppelcontainment und gesteigertem Abbrand von den P4 und N4 Kraftwerken abhebt und ebenfalls Exporterfolge verzeichnet. Durch den hohen Atomstromanteil von 84 % müssen die Kernkraftwerke auch im Mittellastbetrieb arbeiten. Frankreich besitzt deshalb eines der größten Leitungsnetze in Europa; mehrere Kraftwerke können so gemeinsam Bedarfsschwankungen ausgleichen.

Für die Entsorgung radioaktiver Abfälle ist die Agence Nationale pour la Gestion des Déchets Radioactifs verantwortlich. Électricité de France berechnet dafür EUR 0,14 ct/kWh auf den Atomstrompreis, was mit anderen europäischen Ländern vergleichbar ist. Die Entsorgung von schwach- und mittelradioaktiven Abfällen findet in Soulaines und dem Endlager Morvillier im Département Aube statt, welches etwa 650'000 m³ aufnehmen kann. Für die Entsorgung des hochradioaktiven Abfalls (hauptsächlich Glaskokillen aus der Wiederaufarbeitung) wird das Tongestein nahe dem Ort Bure im gleichnamigen Felslabor untersucht.[63]

Frankreich nimmt auch in der Nuklearforschung eine führende Rolle ein: So beteiligt es sich am Generation IV International Forum und arbeitet auch an der kommerziellen Nutzung der schnellen Spaltung und Kernfusion. Die Aktivitäten sind hauptsächlich in Cadarache gebündelt. An einer Weiterentwicklung der Wiederaufarbeitungstechnologie wird ebenfalls gearbeitet, um in Zukunft auch andere Actinoide abtrennen zu können.[63]

In die Kernkraftwerke wurden in Frankreich bisher 77 Milliarden Euro investiert; man schätzt, dass durch die nukleare Energiegewinnung jährlich 31 Millionen Tonnen CO_2 vermieden werden.[64] Durch den hohen Atomstromanteil profitiert Frankreich erheblich vom EU-Emissionshandel. Von den 442 TWh elektrischer Energie, die 2008 in Frankreich erzeugt wurden, wurden 65 % in den Privathaushalten und im Dienstleistungssektor verbraucht, sowie weitere 27 % in der Industrie (ohne Stahlindustrie). Frankreich ist auch ein Stromexporteur, 2008 wurden 50 TWh an die Nachbarländer verkauft, größte Abnehmer sind Italien und Großbritannien.[65] Erneuerbare Energieträger spielen in Frankreich eine untergeordnete Rolle: 5,5 % der Energie werden aus Wasserkraft, 8,7 % aus Holz, 2,1 % aus Biomasse, 1,2 % aus Müll und 0,49 % aus Wind gewonnen.[66] Marktführer bei der Erzeugung elektrischer Energie ist der staatlich dominierte Konzern Électricité de France.

Ende November 2011 machte das französischen Institut für nukleare Sicherheit auf die Notwendigkeit der Sanierung aller in Frankreich stationierten Atomkraftwerke aufmerksam. Nur so könnten mögliche Naturkatastrophen ohne größeres Unheil überstanden werden. Daraufhin wurden von grüner und sozialistischer Seite her Forderungen nach einem kompletten Atomausstieg laut. Laut Einigung sollen bis 2025 nun 24 der 58 Atommeiler vom Netz gehen.[67]

Kultur

Frankreich leitet seinen Rang in Europa und der Welt auch aus den Eigenheiten seiner Kultur ab, die sich insbesondere über die Sprache definiert (Sprachschutz- und -pflegegesetzgebung). In der Medienpolitik wird die eigene Kultur und Sprache durch Quoten für Filme und Musik gefördert. Frankreich verfolgt in der Europäischen Union, der UNESCO und der WTO mit Nachdruck seine Konzeption der Verteidigung der kulturellen Vielfalt („diversité culturelle“): Kultur sei keine Ware, die schrankenlos frei gehandelt werden kann. Der Kultursektor bildet daher eine Ausnahme vom restlichen Wirtschaftsgeschehen („exception culturelle“).

Landesweite Pflege und Erhalt des reichen materiellen kulturellen Erbes wird als Aufgabe von nationalem Rang angesehen. Dieses Verständnis wird durch staatlich organisierte oder geförderte Maßnahmen, die zur Bildung eines nationalen kulturellen Bewusstseins beitragen, wirksam in die Öffentlichkeit transportiert. Im jährlichen Kulturkalender fest verankerte Tage des nationalen Erbes, der Musik oder des Kinos beispielsweise finden lebhaften Zuspruch in der Bevölkerung. Großzügig zugeschnittene kulturelle Veranstaltungen entsprechen dem Selbstverständnis Frankreichs als Kulturnation und von Paris als Kulturmetropole. Die Förderung eines kulturellen

Profils der regionalen Zentren in der Provinz wird verstetigt.

Küche

Die französische Küche (*Cuisine française*) gilt seit der frühen Neuzeit als einflussreichste Landesküche Europas. Sie ist sowohl für ihre Qualität als auch ihre Vielseitigkeit weltberühmt und blickt auf eine lange Tradition zurück. Das Essen ist in Frankreich ein wichtiger Bereich des täglichen Lebens und die Pflege der Küche ein unverzichtbarer Bestandteil der nationalen Kultur.[68] Das *„gastronomische Mahl der Franzosen"* wurde 2010 als immaterielles Weltkulturerbe von der UNESCO anerkannt.[69] [70]

Paul Bocuse, der höchstdekorierte Sternekoch der Welt

Architektur

Die ältesten architektonischen Spuren in Frankreich hinterließen die Römer vor allem in Südostfrankreich, wie beispielsweise das Amphitheater von Nîmes oder die Pont du Gard. Nach dem Zerfall der römischen Herrschaft wurden zunächst keine Bauwerke errichtet, die bis heute erhalten geblieben sind. Aus dem Mittelalter sind vor allem Sakralbauten erhalten geblieben, wie das Baptisterium Saint-Jean aus der Zeit der Karolinger, Kirchen in romanischem Stil wie St-Sernin de Toulouse, Ste-Foy de Conques oder Ste-Marie-Madeleine de Vézelay sowie Kirchen in gotischem Stil wie die Kathedrale von Beauvais. Daneben wurden Festungsstädte wie Carcassonne oder Aigues-Mortes errichtet.

Das berühmteste Bauwerk Frankreichs: Der Eiffelturm

Als die Renaissance auch in Frankreich aufkam, interpretierten die französischen Architekten diese Kunstform auf ihre Weise und errichteten zahlreiche Schlösser im ganzen Land. Das Schloss Ancy-le-Franc blieb das einzige vollständig von Italienern durchgeführte Bauwerk. Der Absolutismus führte dazu, dass der klassizistische Barock in ganz Frankreich bestimmend wurde, um die Macht des Königs zu symbolisieren. Zu den bedeutendsten Bauwerken dieser Zeit zählen der Louvre und Schloss Versailles, diese wurden auch zu vorbildern für Bauwerke im Ausland, etwa Schloss Sanssouci. Der technische Fortschritt ermöglichte es, Gebäude wie das Panthéon zu errichten, das für damalige Verhältnisse sehr wenig Baumaterial im Verhältnis zum umfassten Raum benötigte.

In der Zeit nach der Französischen Revolution herrschte der Klassizismus mit kühler, disziplinierter und eleganter Architektur; Beispiele hierfür sind der Arc de Triomphe oder die Kirche La Madeleine in Paris. 1803 wurde die Académie des Beaux-Arts gegründet, französische Architektur wurde erneut in zahlreichen Ländern imitiert, besonders in den USA, gleichzeitig wurden neue Baumaterialien eingeführt; es entstanden Monumente wie der Eiffelturm oder der Pariser Zentralmarkt Les Halles und man begann mit der Restaurierung von Baudenkmälern.

Zu Beginn des 20. Jahrhunderts kam zunächst der Jugendstil auf, aus dem sich in Frankreich rasch das Art Déco entwickelte. In diesen Stilrichtungen sind zahlreiche Eingänge von Métrostationen in Paris sowie das Théâtre des Champs-Élysées erhalten. Der Internationale Stil, der maßgebend von Le Corbusier mitgetragen wurde, zeichnete sich durch unverzierte geometrische Formen aus, Beispiel ist die Villa Savoye. Nach dem Zweiten Weltkrieg wurden einige prestigeträchtige Bauten in Frankreich erstmals durch Ausländer verwirklicht, wie das Centre Pompidou oder die Pyramide im Louvre. Zu den neuesten architektonischen Errungenschaften Frankreichs gehören schließlich das Institut du monde arabe und die Bibliothèque Nationale François Mitterrand.[71]

Film

Frankreich gilt als der Geburtsort des Filmes. Im Jahre 1895 veranstalteten die Brüder Lumière in Paris die erste kommerzielle Filmvorführung. Industrielle wie Charles Pathé und Léon Gaumont investierten große Summen in die Technik und Herstellung, so dass französische Unternehmen den Weltmarkt für Filme dominierten; in Paris gab es 1907 bereits mehr als 100 Vorführungshallen, 1920 waren es in Frankreich schon mehr als 4500. Auf Pathé geht auch die bis heute übliche Praxis des Filmverleihs zurück, nachdem er 1907 entschied, Filme nicht mehr als Meterware zu verkaufen.[72] Der Ausbruch des ersten Weltkrieges und der damit verbundenen Flucht zahlreicher Filmschaffender in die USA sowie die Einführung der Tonfilm-Technologie, die in Frankreich zunächst nicht eingeführt wurde, führten dazu, dass der Schwerpunkt der Filmproduktion sich in die USA verlagerte.

Französisches Werbeplakat aus dem Jahr 1896: Beworben wird nicht ein einzelner Film, sondern das Erlebnis der Filmvorführung

Die 1930er Jahre gelten als *Goldenes Zeitalter* des französischen Films. Die Weltwirtschaftskrise bedingten niedrige Budgets, junge Regisseure wie Jean Renoir, René Clair und Marcel Carné und Stars wie Jean Gabin, Pierre Brasseur und Arletty brachten sehr kreative und teils auch sehr politische Werke hervor (Poetischer Realismus). Auch nach Ausbruch des zweiten Weltkrieges florierte der Film; die Vichy-Regierung gründete mit der *Comité d'organisation de l'industrie cinématographique* die Vorläuferorganisation des heutigen CNC. Trotz Mangelwirtschaft, Zensur und Emigration entstanden etwa 220 Filme, die sich vor allem auf die Ästhetik des gezeigten konzentrierten.

Nach 1945 setzt sich die französische Regierung das Ziel, die Filmindustrie wieder aufzubauen. Um die Dominanz des amerikanischen Films zu brechen, werden im Blum-Byrnes-Abkommen Einfuhrquoten festgelegt. Die Internationalen Filmfestspiele von Cannes werden gegründet, eine Zusammenarbeit mit Italien vereinbart und gesetzliche und finanzielle Unterstützungen beschlossen. In den 1950er Jahren wurden vor allem Literaturverfilmungen mit großem Augenmerk auf die Qualität *(cinéma de papa)* produziert, bis 1956 die weibliche Sexualität mit dem Auftauchen eines neuen Stars, Brigitte Bardot, filmfähig gemacht wurde.

Die Nouvelle Vague, die ab dem Ende der 1950er Jahre von einer Generation junger Regisseure wie Jean-Luc Godard, François Truffaut, Jacques Rivette, Claude Chabrol und Louis Malle getragen wird, bringt Anti-Helden auf die Leinwand, thematisiert deren intime Gedanken, macht Filme mit hohem Tempo und offenen Enden. Neue Technik ermöglicht eine neue Ästhetik und erlaubt es Halb-Profis, mit niedrigem Budget Filme zu verwirklichen. Die Kreativität der Nouvelle Vague war international äußerst einflussreich und wurde durch die Einrichtung der *Cinémas d'art et d'essai* noch gefördert. Popularität erlangten auch die Protagonisten zahlreicher Filme der Nouvelle Vague, vor allem Jean-Pierre Léaud und Jean-Paul Belmondo. Das Jahr 1968 brachte auch im französischen Film eine Zäsur, die zu stark politischen Filmen und zu einer stärkeren Präsenz von Frauen im Metier führte. Gleichzeitig setzte sich das Fernsehen durch; dies brachte neue Strukturen bei der Finanzierung und Distribution von Filmen mit sich.

In den 1980er Jahren investierte die neue sozialistische Regierung stark in die Kultur, Budgets für Filmproduktionen stiegen, während gleichzeitig die amerikanische Vorherrschaft bekämpft wurde. Es kam zu aufwändigen Verfilmungen von Literaturklassikern. Parallel kam die Strömung des unpolitischen *cinéma du look* auf, in dem Farben, Formen und Stil die Handlung überdeckten.[73]

Sport

Anders als in vielen anderen Ländern Europas ist der Fußball in Frankreich bis heute nicht die unangefochtene Nummer 1 unter den Sportarten. Besonders Rugby ist im Südwesten des Landes populärer. Das Interesse am Fußball hängt sehr stark mit der Leistung französischer Mannschaften auf internationaler Ebene zusammen. Als identitätsstiftendes Band gerade zwischen den verschiedenen sozialen und ethnischen Gruppen Frankreichs gilt die französische Fußball-Nationalmannschaft. Die so genannte *équipe tricolore* trägt ihre Heimspiele meist im Stade de France in Saint Denis bei Paris aus.

1998 wurde in Frankreich die Fußball-Weltmeisterschaft ausgetragen. Im Endspiel gegen Brasilien gewann der Gastgeber das Turnier.

Ähnlich populär dem Fußball ist Rugby Union. Gerade in den südlichen und südwestlichen Regionen ist Rugby tatsächlich der weitaus beliebteste Sport. Die höchste Liga ist die Top 14. Das Meisterschaftsendspiel findet jährlich im Stade de France statt. Die Nationalmannschaft, von den Fans „Les Bleus“ genannt, was später auch auf die Fußballequipe übertragen wurde, gilt seit Jahrzehnten kontinuierlich als eines der besten Teams der Welt und war bislang bei jeder Weltmeisterschaft mindestens ins Viertelfinale vorgedrungen. Insgesamt wurde sie zweimal Vizeweltmeister und errang einmal den dritten Platz. Nationalstadion ist das Stade de France in St. Denis nahe Paris. Die besten Vereinsmannschaften der letzten Jahre sind Stade Toulousain, das insgesamt 16 Mal die französische Meisterschaft und dreimal den europäischen Heineken Cup gewinnen konnte, der aktuelle Meister Stade Français aus Paris mit 13 Meisterschaftserfolgen und der Meister der beiden Vorjahre Biarritz Olympique mit fünf nationalen Meisterschaftstiteln.

In der Zeit vom 7. September bis zum 20. Oktober 2007 fand erstmals die Rugbyweltmeisterschaft in Frankreich statt und man zählte „Les Bleus“ zu den Topfavoriten auf den Titel. Allerdings kamen sie nicht über einen 4. Platz hinaus. Weltmeister wurde Südafrika.

Weitere populäre Sportarten sind der Radsport (insbesondere im Juli, während der dreiwöchigen Tour de France), Leichtathletik, Formel 1 (Großer Preis von Frankreich in *Magny Cours*) und Pétanque (Mondial la Marseille à Pétanque).

Großer Beliebtheit erfreut sich in den vergangenen Jahren auch Tennissport. 1997 und 2003 konnten die Französischen Tennisdamen den Fed Cup gewinnen. Außerdem siegte Mary Pierce im Jahre 2000 bei den French Open.

In Frankreich fanden bereits mehrmals Olympische Spiele statt: Sommerspiele 1900 und 1924 in Paris, Winterspiele in Chamonix 1924, Grenoble 1968 und Albertville 1992.

Musik

Die französische Musik erreichte mit der Klassik eine erste Blüte und brachte bedeutende Komponisten wie Jean-Baptiste Lully, Marc-Antoine Charpentier (17. Jahrhundert), Jean-Philippe Rameau (18. Jahrhundert), Hector Berlioz, Charles Gounod und Georges Bizet hervor. Die französische klassische Musik galt jedoch als technik- und formenlastig.[74] Den Übergang zur Moderne in gesellschaftspolitischer wie musikalischer Sicht verkörpert Debussy am besten; weiters sind Maurice Ravel und der ebenfalls sehr experimentell arbeitende Erik Satie in dieser Epoche bedeutend.[75] Der Beginn der Avantgarde in der Musik wird besonders durch die Groupe des Six eingeleitet.

Hauptfigur der zeitgenössischen Musik ist Pierre Boulez.

Seit dem Beginn des 20. Jahrhunderts befindet sich die populäre Musik im Aufwind. Das bekannteste einheimische Genre ist das Chanson, eine Liedgattung mit starker Konzentration auf den Text. Zu den wichtigsten Künstlern des Chanson zählen Charles Trenet, Édith Piaf, Gilbert Bécaud, Boris Vian, Georges Brassens, Charles Aznavour oder Yves Montand. Ausländische Musikstile finden ihren Widerhall in Frankreich: Nach dem Ende des ersten Weltkrieges begann der Jazz die französische Musik zu beeinflussen, mit Django Reinhardt oder Stéphane Grappelli stellte Frankreich auch bedeutende Künstler des Jazz.

In der Rock- und Popmusik prägten etwa Daft Punk und Étienne de Crécy den *French House*, Gotan Project ist Vorreiter des so genannten Electrotango und St. Germain steht für eine Kombination von Jazz und House. Air wiederum ist ein bekannter Vertreter von Ambient-Musik. Der Rap wurde in Frankreich adaptiert, erfolgreichster Vertreter des Französischen Hip-Hop ist MC Solaar.[74]

Lokal verbreitete Musikstile sind die Bretonische Musik, deren bedeutendster Künstler Alan Stivell ist, oder die Korsische Musik mit Bands wie I Muvrini. Zahlreiche afrikanische und maghrebinische Künstler leben und arbeiten in Frankreich, so gibt es eine lebendige Raï-Szene und zahlreiche Veranstaltungen mit afrikanischer Musik.

Die fünf Musiker, die zwischen 1955 und 2009 die meisten Platten in Frankreich verkauften, sind Claude François, Johnny Hallyday, Sheila, Michel Sardou und Jean-Jacques Goldman.[76]

Medien

Die wichtigsten französischen Printmedien sind die nationalen Tageszeitungen:

- *Le Figaro* (konservativ, Auflage: 315.400 Exemplare)
- *Le Monde* (linksliberal, Druckauflage 2009-2010, 285.500 Exemplare)
- *Libération* (linksorientiert, 111.700 Exemplare)
- *La Croix (Zeitung)* (katholisch, 95.100 Exemplare)
- *L'Humanité* (kommunistisch, 50.000 Exemplare)
- *Les Échos*, *La Tribune* (Wirtschaft, 120.400 bzw. 68.100 Exemplare)
- *L'Équipe* (Sport, 310.000 Exemplare)

Die wichtigsten Nachrichtenmagazine in Frankreich:

- *Le Nouvel Observateur* (400.000 Exemplare)
- *L'Express* (438.700 Exemplare)
- *Le Point* (407.700 Exemplare)
- *Marianne*

Größte Regionalzeitung ist die *Ouest-France* mit einer Druckauflage von 758.500 Exemplaren.

Bedeutend ist auch das jeweils mittwochs erscheinende Investigations- und Satireblatt *Le Canard enchaîné* mit einer Auflage von 550.000 Exemplaren.[77]

Fernsehen

Wie in vielen anderen europäischen Ländern besteht auch in Frankreich eine Co-Existenz von öffentlich-rechtlichen und privaten Fernsehsendern. Zur 1992 gegründeten öffentlich-rechtlichen Rundfunkanstalt *France Télévisions* gehören die Sender France 2, France 3, France 4, France 5 und France Ô.

Des Weiteren gibt es mit TV5 und ARTE zwei weitere Sender, an denen *France Télévisions* beteiligt ist. TV5 ist ein französischsprachiges Gemeinschaftsprogramm der Staaten Frankreich, Belgien, dem französischsprachigen Teil Kanadas und der Schweiz. ARTE ist ein deutsch-französischer Sender, der von ARTE France zusammen mit den deutschen Rundfunkanstalten ARD und ZDF betrieben wird. *France Télévisions* ist darüber hinaus an dem Nachrichtensender EuroNews beteiligt.

Der größte Fernsehsender Frankreichs ist der Privatsender TF1, der bis 1987 noch öffentlich-rechtlich war. TF1 ist außerdem alleiniger Gesellschafter des Sportsenders Eurosport. Seit Dezember 2006 sendet der von TF1 und France Télévisions produzierte französische Nachrichtensender France24.

Social Media

Der Nutzung von *Social Media* kommt eine immer bedeutendere Rolle zu. Die Bruttoreichweite der *Social Networks* betrug per Januar 2011 24,8 Millionen Personen.[78]

Hörfunk

Dem öffentlich-rechtlichen Radio France steht eine Vielzahl kommerzieller Anbieter gegenüber. Sowohl Radio France als auch die Kommerziellen bieten überregionale und regionale bzw. lokale Dienste an.

Bibliotheken

Die Bibliotheken sind weitgehend Mediatheken und konnten in den vergangenen 15 Jahren ihre Benutzerzahl verdoppeln (2005: 21 Millionen; 1989: 10,5). Mehr als 40 Prozent der Franzosen über 15 Jahren sind eingeschriebene Bibliotheksgänger und leihen zu 90 Prozent Bücher aus. Im Angebot sind meist auch CDs und DVDs und Internetnutzung. (Quelle: F.A.Z. 6. Juni 2006)

Feiertage

1. Januar	Neujahr
1. Mai	Tag der Arbeit/Maifeiertag
8. Mai	Tag des Sieges (fête de la victoire)
7 Wochen nach Ostern	Pfingstmontag
10 Tage vor Pfingsten	Christi Himmelfahrt (jour de l'Ascension)
14. Juli	Tag des 14. Juli („Fête nationale") – Jahrestag des Sturms auf die Bastille 1789
15. August	Maria Himmelfahrt
1. November	Allerheiligen
11. November	Waffenstillstand von Rethondes zur Beendigung des Ersten Weltkrieges
25. Dezember	Weihnachtsfeiertag

Siehe auch

- Französische Küche
- Weinbaugebiete in Frankreich
- Nachrichtendienste Frankreichs
- Die schönsten Dörfer Frankreichs

Literatur

- Alfred Pletsch: *Länderkunde Frankreich.* WBG, Darmstadt 2003, 2. Aufl., ISBN 3-534-11691-7
- Wilfried Loth: *Geschichte Frankreichs im 20. Jahrhundert.* Frankfurt 1995, ISBN 3-596-10860-8
- Wilfried Loth: *Von der 4. zur 5. Republik.* In: Adolf Kimmel/ Henrik Uterwedde (Hrsg.): *Länderbericht Frankreich. Geschichte, Politik, Wirtschaft, Gesellschaft. Lehrbuch* 2. aktualisierte und neu bearbeitete Auflage, VS Verlag, Wiesbaden 2005 ISBN 3-531-14631-9; und Bundeszentrale für politische Bildung, Bonn 2005, ISBN 3-89331-574-8, S. 63–84.

- Bernhard Schmidt, Jürgen Doll, Walther Fekl, Siegfried Loewe und Fritz Taubert: *Frankreich-Lexikon. Schlüsselbegriffe zu Wirtschaft, Gesellschaft, Politik, Geschichte, Kultur, Presse- und Bildungswesen.* 2. überarbeitete und erweiterte Auflage, Schmidt, Berlin 2006, ISBN 3-503-07991-2.
- Ralf Nestmeyer: *Französische Dichter und ihre Häuser.* Insel, Frankfurt 2005, ISBN 3-458-34793-3
- Informationen zur politischen Bildung, Heft 285 *Frankreich* mit Karten, [79] Bonn 2004 (mit Literatur, Internet-Hinweisen)
- Adolf Kimmel/ Henrik Uterwedde (Hrsg.): *Länderbericht Frankreich. Geschichte, Politik, Wirtschaft, Gesellschaft. Lehrbuch.* 2. aktualisierte und neu bearbeitete Auflage, VS Verlag, Wiesbaden 2005 ISBN 3-531-14631-9; und Bundeszentrale für Politische Bildung, Bonn 2005, ISBN 3-89331-574-8
- Karl Stoppel (Hrsg.): *La France. Regards sur un pays voisin. Eine Textsammlung zur Frankreichkunde.* Quellen und Originaltexte, in frz. Sprache, Vokabular. Reclam, Ditzingen 2000; 2. durchges. Aufl., Stuttgart 2008 (RUB 8906 Fremdsprachentexte)
- Ludwig Watzal (Verantw.): *Frankreich*, Themenheft Aus Politik und Zeitgeschichte, Beilage zu „Das Parlament", 38, 2007 (vom 17. September 2007), Hrsg.: Bundeszentrale für politische Bildung BpB, Bonn 2007 (Schwerpunktheft) ISSN 0479-611X [80]
- Robert Picht u. a. Hrsg.: *Fremde Freunde. Deutsche und Franzosen vor dem 21. Jahrhundert* Piper, München 2002 ISBN 3-492-03956-1 (57 Essays von 52 Autoren zu Begriffen der dt.-frz. Geschichte, Politik, Kultur und Wirtschaft, u. a. Hans Manfred Bock, Freimut Duve, Etienne François)

Weblinks

- Website des französischen Außenministeriums [81]
- Länderinformationen des Auswärtigen Amtes zu Frankreich [82]
- Länderprofil [83] des Statistischen Bundesamtes
- Nationales Fremdenverkehrsamt (dt.) [84]

Einzelnachweise

[1] Auswärtiges Amt (http://www.auswaertiges-amt.de/diplo/de/Laenderinformationen/01-Laender/Frankreich.html)

[2] Institut National de la Statistique et des Études Économiques: *Bilan démographique 2009* (http://www.insee.fr/fr/themes/document.asp?ref_id=ip1276#inter1)

[3] Institut National de la Statistique et des Études Économiques: *Population totale par sexe et âge au 1er janvier 2010, France métropolitaine* (http://www.insee.fr/fr/themes/detail.asp?reg_id=0&ref_id=bilan-demo&page=donnees-detaillees/bilan-demo/pop_age2.htm)

[4] *Human Development Report 2010 – 20th Anniversary Edition.* (http://hdr.undp.org/en/media/HDR_2010_EN_Complete.pdf) Entwicklungsprogramm der Vereinten Nationen, abgerufen am 23. Februar 2011 (en).

[5] Haensch, Günther und Tümmers, Hans J.: *Frankreich: Politik, Gesellschaft, Wirtschaft.* München 1993, ISBN 3-406-37491-3, S. 234.

[6] Demographische Ergebnisse 2010 (http://www.insee.fr/fr/themes/document.asp?ref_id=ip1332#inter1) 18. Januar 2011 (französisch)

[7] Insee: *Bilan démographique 2009 – Deux pacs pour trois mariages* (http://www.insee.fr/fr/themes/document.asp?ref_id=ip1276), Januar 2010, besucht am 26. Januar 2010

[8] Eurostat: *Taux de fertilité total* (http://epp.eurostat.ec.europa.eu/tgm/table.do?tab=table&init=1&language=fr&pcode=tsdde220&plugin=1), besucht am 26. Januar 2010

[9] Haensch, Günther und Tümmers, Hans J.: *Frankreich: Politik, Gesellschaft, Wirtschaft.* München 1993, ISBN 3-406-37491-3, S. 241.

[10] Haensch, Günther und Tümmers, Hans J.: *Frankreich: Politik, Gesellschaft, Wirtschaft.* München 1993, ISBN 3-406-37491-3, S. 238.

[11] Ernst Ulrich Grosse und Heinz-Helmut Lüger: *Frankreich verstehen*, Darmstadt 1997, S. 173ff.

[12] Insee: *Population selon la nationalité* (http://www.insee.fr/fr/themes/tableau.asp?reg_id=0&ref_id=NATTEF02131), besucht am 26. Januar 2010.

[13] Catherine Borrel, Insee: *Enquêtes annuelles de recensement 2004 et 2005 – Près de 5 millions d'immigrés à la mi-2004* (http://www.insee.fr/fr/themes/document.asp?ref_id=ip1098), besucht am 26. Januar 2010.

[14] Haensch, Günther und Tümmers, Hans J.: *Frankreich: Politik, Gesellschaft, Wirtschaft.* München 1993, ISBN 3-406-37491-3, S. 256ff.

[15] Auswärtiges Amt der Bundesrepublik Deutschland: *Frankreich: Kultur und Bildung* (http://www.auswaertiges-amt.de/diplo/de/Laenderinformationen/Frankreich/Kultur-UndBildungspolitik.html), Stand Oktober 2009, besucht am 20. Januar 2010.

[16] Haensch, Günther und Tümmers, Hans J.: *Frankreich: Politik, Gesellschaft, Wirtschaft.* München 1993, ISBN 3-406-37491-3, S. 247.

[17] Haensch, Günther und Tümmers, Hans J.: *Frankreich: Politik, Gesellschaft, Wirtschaft.* München 1993, ISBN 3-406-37491-3, S. 251.

[18] Text der Verfassung (frz.) auf der Seite legifrance.gouv.fr (http://www.legifrance.gouv.fr/Droit-francais/Constitution/Constitution-du-4-octobre-1958#eztoc2178_0_14_96), abgerufen am 6. Januar 2012

[19] Institut National de la Statistique et des Études Économiques: *Les valeurs en France* (http://www.insee.fr/fr/ffc/docs_ffc/donsoc02k.pdf), 2002/2003, S. 4.

[20] Pew Global Attitudes Project: *Unfavourable Views of Jews and Moslems on the Increase in Europe* (http://pewglobal.org/reports/pdf/262.pdf), 17. September 2008, S. 5.

[21] Französisches Außenministerium: *Der Laizismus in Frankreich* (http://www.ambafrance-at.org/IMG/pdf/Laizismus.pdf), Mai 2007.

[22] siehe Winfried Baumgarts Überblicksdarstellung: *"Das Größere Frankreich". Neue Forschungen über den französischen Imperialismus 1880–1914*, in: Vierteljahrschrift für Sozial- und Wirtschaftsgeschichte Bd. 61.2, 1974, S. 185–198. Gibt's hier online als pdf (http://ubm.opus.hbz-nrw.de/volltexte/2011/2655/pdf/doc.pdf)

[23] Library of Congress – Federal Reserve Division: *Country Profile France* (http://lcweb2.loc.gov/frd/cs/profiles/France.pdf), S. 2–5.

[24] Stephen C. Jett und Lisa Roberts: *Modern World Nations – France*, Philadelphia 2003, ISBN 0-7910-7607-5, S. 35–64.

[25] Haensch, Günther und Tümmers, Hans J.: *Frankreich: Politik, Gesellschaft, Wirtschaft*. München 1993, ISBN 3-406-37491-3, S. 93f.

[26] Haensch, Günther und Tümmers, Hans J.: *Frankreich: Politik, Gesellschaft, Wirtschaft*. München 1993, ISBN 3-406-37491-3, S. 107f.

[27] Haensch, Günther und Tümmers, Hans J.: *Frankreich: Politik, Gesellschaft, Wirtschaft*. München 1993, ISBN 3-406-37491-3, S. 101f.

[28] Haensch, Günther und Tümmers, Hans J.: *Frankreich: Politik, Gesellschaft, Wirtschaft*. München 1993, ISBN 3-406-37491-3, S. 119ff.

[29] Haensch, Günther und Tümmers, Hans J.: *Frankreich: Politik, Gesellschaft, Wirtschaft*. München 1993, ISBN 3-406-37491-3, S. 133ff.

[30] Haensch, Günther und Tümmers, Hans J.: *Frankreich: Politik, Gesellschaft, Wirtschaft*. München 1993, ISBN 3-406-37491-3, S. 104ff.

[31] http://epp.eurostat.ec.europa.eu

[32] zeit.de 17. Januar 2012: Neuigkeiten aus der Krisenzone (http://www.zeit.de/wirtschaft/2012-01/krisenstaaten-europa-uebersicht/komplettansicht)

[33] Bereitstellung der Daten zu Defizit und Verschuldung 2010 (http://epp.eurostat.ec.europa.eu/cache/ITY_PUBLIC/2-21102011-AP/DE/2-21102011-AP-DE.PDF)

[34] http://dejure.org/gesetze/AEU/126.html

[35] Finanzstatistik des Sektors Staat, Haupttabellen (http://epp.eurostat.ec.europa.eu/portal/page/portal/government_finance_statistics/data/main_tables)

[36] Der Fischer Weltalmanach 2010: Zahlen Daten Fakten, Fischer, Frankfurt, 8. September 2009, ISBN 978-3-596-72910-4.

[37] Haensch, Günther und Tümmers, Hans J.: *Frankreich: Politik, Gesellschaft, Wirtschaft*. München 1993, ISBN 3-406-37491-3, S. 146ff.

[38] Claire Demesmay und Andreas Marchetti: *Frankreich ist Frankreich ist Europa - Französische Europa-Politik zwischen Pragmatismus und Tradition.* (http://agkv.sethora.de/fileadmin/user_upload/DGAPana_F_Demesmay-Marchetti.pdf) Forschungsinstitut der Deutschen Gesellschaft für Auswärtige Politik, abgerufen am 11. Oktober 2011.

[39] Gisela Müller-Brandeck-Bocquet: *Sarkozys Europapolitik.* (http://www.eurotopics.net/de/home/presseschau/archiv/magazin/politik-verteilerseite/franzoesische_ratspraesidentschaft_06_2008/artikel_sarkozy_europapolitik_mueller/) Abgerufen am 11. Oktober 2011.

[40] Claire Demesmay und Andreas Marchetti: *Frankreich ist Frankreich ist Europa - Französische Europa-Politik zwischen Pragmatismus und Tradition.* (http://agkv.sethora.de/fileadmin/user_upload/DGAPana_F_Demesmay-Marchetti.pdf) Forschungsinstitut der Deutschen Gesellschaft für Auswärtige Politik, abgerufen am 11. Oktober 2011.

[41] Gisela Müller-Brandeck-Bocquet: *Sarkozys Europapolitik.* (http://www.eurotopics.net/de/home/presseschau/archiv/magazin/politik-verteilerseite/franzoesische_ratspraesidentschaft_06_2008/artikel_sarkozy_europapolitik_mueller/) Abgerufen am 11. Oktober 2011.

[42] Die Presse: *Parlament segnet Frankreichs Rückkehr in die Nato ab* (http://diepresse.com/home/politik/aussenpolitik/461976/index.do) vom 17. März 2009.

[43] France Diplomatie: *Außenpolitische Maßnahmen* (http://www.diplomatie.gouv.fr/de/das-aubenministerium_2/aussenpolitische-massnahmen_316/verteidigung-von-interessen_258.html), besucht am 17. Januar 2010.

[44] The World Factbook (https://www.cia.gov/library/publications/the-world-factbook/geos/fr.html)

[45] Haensch, Günther und Tümmers, Hans J.: *Frankreich: Politik, Gesellschaft, Wirtschaft*. München 1993, ISBN 3-406-37491-3, S. 206.

[46] Haensch, Günther und Tümmers, Hans J.: *Frankreich: Politik, Gesellschaft, Wirtschaft*. München 1993, ISBN 3-406-37491-3, S. 219.

[47] Haensch, Günther und Tümmers, Hans J.: *Frankreich: Politik, Gesellschaft, Wirtschaft*. München 1993, ISBN 3-406-37491-3, S. 215.

[48] Insee: *Département::Définition* (http://www.insee.fr/fr/methodes/default.asp?page=definitions/departement.htm), besucht am 20. Januar 2010.

[49] Insee: *Circonscriptions administratives des régions au 1er janvier* (http://www.insee.fr/fr/themes/tableau.asp?reg_id=99&ref_id=CMRSOS01208), Stand 1. Januar 2009, besucht am 20. Januar 2010.

[50] Insee: *Arrondissement::Définition* (http://www.insee.fr/fr/methodes/default.asp?page=definitions/arrondissement.htm), besucht am 20. Januar 2010.

[51] Haensch, Günther und Tümmers, Hans J.: *Frankreich: Politik, Gesellschaft, Wirtschaft*. München 1993, ISBN 3-406-37491-3, S. 208.

[52] Insee: *Commune::Définition* (http://www.insee.fr/fr/methodes/default.asp?page=definitions/commune.htm), besucht am 20. Januar 2010.

[53] Süddeutsche Zeitung: *Frankreich verkauft Autobahnen für 14,8 Milliarden Euro*, 14. Dezember 2005 (http://www.sueddeutsche.de/wirtschaft/990/346828/text/)

[54] Aéroports de Paris: *Présentation des résultats 2008* (http://www.aeroportsdeparis.fr/ADP/Resources/a389b1e4-907c-4a4e-889c-9aecfd837335-ADPPRESENTATIONRESULTATS2008.pdf), 12. März 2009.

[55] Institut National de la Statistique et des Études Économiques: Montant du salaire minimum interprofessionell de croissance (SMIC) (http://www.insee.fr/fr/indicateur/smic.htm)

[56] Eurostat News Release 63/2006: Regional GDP per inhabitant in the EU 25 (http://epp.eurostat.ec.europa.eu/pls/portal/docs/PAGE/PGP_PRD_CAT_PREREL/PGE_CAT_PREREL_YEAR_2006/PGE_CAT_PREREL_YEAR_2006_MONTH_05/1-18052006-EN-AP.PDF)

[57] The World Factbook: Importe Frankreichs 2009 (https://www.cia.gov/library/publications/the-world-factbook/fields/2087.html?countryName=France&countryCode=fr®ionCode=eu&#fr) (englisch)

[58] The World Factbook: Exporte Frankreichs 2009 (https://www.cia.gov/library/publications/the-world-factbook/fields/2078.html?countryName=France&countryCode=fr®ionCode=eu&#fr) (englisch)

[59] Commissariat général au développement durable: *Chiffres clés de l'énergie, édition 2009* (http://www.statistiques.developpement-durable.gouv.fr/IMG/pdf/Repere_energie_2009_BAT_01-12_cle05161b.pdf), Dezember 2009, S. 2.

[60] Commissariat général au développement durable: *Chiffres clés de l'énergie, édition 2009* (http://www.statistiques.developpement-durable.gouv.fr/IMG/pdf/Repere_energie_2009_BAT_01-12_cle05161b.pdf), Dezember 2009, S. 2, S. 12–14.

[61] Commissariat général au développement durable: *Chiffres clés de l'énergie, édition 2009* (http://www.statistiques.developpement-durable.gouv.fr/IMG/pdf/Repere_energie_2009_BAT_01-12_cle05161b.pdf), Dezember 2009, S. 5, S. 15–18.

[62] Commissariat général au développement durable: *Chiffres clés de l'énergie, édition 2009* (http://www.statistiques.developpement-durable.gouv.fr/IMG/pdf/Repere_energie_2009_BAT_01-12_cle05161b.pdf), Dezember 2009, S. 19–21.

[63] World Nuclear Association – Nuclear Power in France (http://www.world-nuclear.org/info/inf40.html)

[64] Ministère de l'Économie, des Finances et de l'Industrie: *L'energie nucleaire – présentation générale* (http://www.developpement-durable.gouv.fr/energie/nucleair/f1e_nuc.htm), 31. Oktober 2006, besucht am 30. Januar 2010.

[65] Commissariat général au développement durable: *Chiffres clés de l'énergie, édition 2009* (http://www.statistiques.developpement-durable.gouv.fr/IMG/pdf/Repere_energie_2009_BAT_01-12_cle05161b.pdf), Dezember 2009, S. 2, S. 5, S. 23.

[66] Commissariat général au développement durable: *Chiffres clés de l'énergie, édition 2009* (http://www.statistiques.developpement-durable.gouv.fr/IMG/pdf/Repere_energie_2009_BAT_01-12_cle05161b.pdf), Dezember 2009, S. 27.

[67] http://www.stromvergleich.de/stromnachrichten/5016-atomkraftwerke-frankreich-muss-sanieren-25-11-2011

[68] Baedecker, Allianz Reiseführer, Frankreich, 2007, Seite 113

[69] UNESCO: The gastronomic meal of the French (http://www.unesco.org/culture/ich/index.php?lg=en&pg=00011&RL=00437): Inscribed in 2010 on the Representative List of the Intangible Cultural Heritage of Humanity. (englisch)

[70] *Französische Küche zum Weltkulturerbe ernannt* (http://www.zeit.de/lebensart/essen-trinken/2010-11/frankreich-kueche-weltkulturerbe), Zeit Online vom 16. November 2010.

[71] David A. Hanser: *Architecture of France*, Westport 2006, ISBN 0-313-31902-2, S. xxii ff.

[72] Jean-Pierre Jeancolas: *Histoire du cinéma français*, éd. Nathan 2000, ISBN 2-09-190742-1, S. 19.

[73] Jill Forbes und Sue Harris: *Cinema*, in: Nicholas Hewit (Hrsg.): *The Cambridge Companion to modern French culture*, Cambridge 2003, ISBN 0-521-79123-5, S. 319–336.

[74] Colin Nettelbeck: *Music*, in: Nicholas Hewit (Hrsg.): *The Cambridge Companion to modern French culture*, Cambridge 2003, ISBN 0-521-79123-5, S. 272–289.

[75] Memo.fr: *La musique française* (http://www.memo.fr/article.asp?ID=THE_ART_009|site=memo.fr), besucht am 27. August 2010.

[76] Musique-franco.com: *La musique française: artistes connus, histoires et paroles de chansons* (http://www.musique-franco.com/genres_musicaux/la_musique_francaise), besucht am 27. August 2010.

[77] *Association pour le contrôle de la diffusion des médias (OJD)* (http://www.ojd.com/chiffres/section/PPGP?submitted=1§ion=PPGP&famille=1&thema=1&subthema=&search=&go=Lancer+la+recherche)

[78] *Die wichtigsten Social Media Plattformen Frankreichs im Überblick* (http://www.socialmediaschweiz.ch/html/frankreich_social_media.html). Social Media Schweiz. Abgerufen am 22. März 2010.

[79] auch online bei BpB einsehbar, jedoch ohne die Karten und Bilder: BpB (http://www.bpb.de/publikationen/EQDGCG,0,0,Frankreich.html)

[80] http://dispatch.opac.d-nb.de/DB=1.1/CMD?ACT=SRCHA&IKT=8&TRM=0479-611X

[81] http://www.diplomatie.gouv.fr/index.de.html

[82] http://www.diplo.de/Frankreich

[83] http://www.destatis.de/jetspeed/portal/cms/Sites/destatis/Internet/DE/Content/Publikationen/Fachveroeffentlichungen/Laenderprofile/Content75/Frankreich,property=file.pdf

[84] http://de.franceguide.com/

Koordinaten:

[//toolserver.org/~geohack/geohack.php?pagename=Frankreich&language=de¶ms=46.3166666667_N_2.53333333333_E_regi 46° N, 3° O]

Haute-Vienne

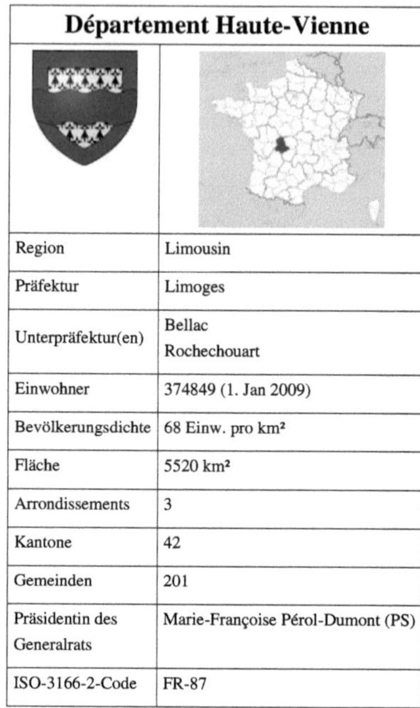

Département Haute-Vienne	
Region	Limousin
Präfektur	Limoges
Unterpräfektur(en)	Bellac Rochechouart
Einwohner	374849 (1. Jan 2009)
Bevölkerungsdichte	68 Einw. pro km²
Fläche	5520 km²
Arrondissements	3
Kantone	42
Gemeinden	201
Präsidentin des Generalrats	Marie-Françoise Pérol-Dumont (PS)
ISO-3166-2-Code	FR-87

Das **Département Haute-Vienne** [ot'vjɛn] ist das französische Département mit der Ordnungsnummer **87**. Es liegt in der Region Limousin im Zentrum des Landes und ist nach dem Fluss Vienne benannt.

Geographie

Das Département Haute-Vienne grenzt an die Départements Creuse, Corrèze, Dordogne, Charente, Vienne und Indre. Wichtigster Fluss ist die Vienne, wichtigste Stadt ist die Hauptstadt Limoges.

Verwaltungsgliederung

Arrondissement	Einwohner (1999)	Fläche (km²)	Bev.Dichte	Kantone	Gemeinden
Bellac	40.120	1780	23	8	63
Limoges	278.439	2945	95	28	108
Rochechouart	35.334	795	44	6	30

- Liste der Gemeinden im Département Haute-Vienne
- Liste der Kantone im Département Haute-Vienne

Département

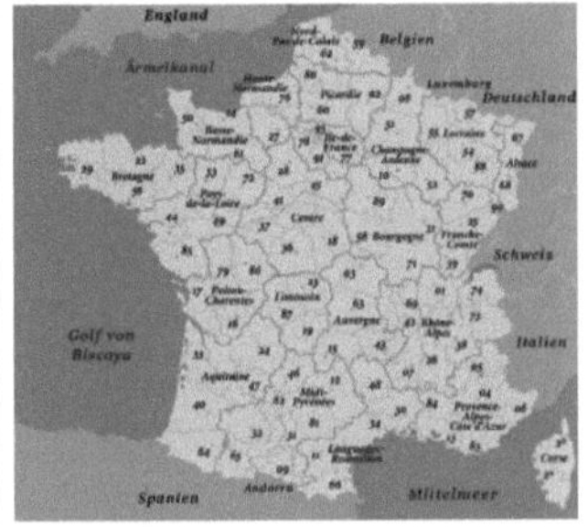

Karte der französischen Départements in Europa

Frankreich ist administrativ nach einem zentralistischen Strukturprinzip in 101 **Départements** [depaʀtəˈmɑ̃] (deutsche Schreibweise: *Departement*) unterteilt. Diese sind in 27 Regionen (inkl. Korsika mit Sonderstatus) gruppiert. 96 der 101 Départements liegen in Europa, die restlichen fünf sind Überseedépartements (Martinique, Guadeloupe, Réunion, Französisch-Guayana, Mayotte). Jedes der fünf letztgenannten bildet zugleich auch eine eigene Region. Als letztes Département kam 2011 die Insel Mayotte hinzu.[1]

Die meisten Départements haben eine Fläche zwischen 4000 und 8000 Quadratkilometern und eine Bevölkerung zwischen 250.000 und einer Million Einwohnern. Das flächenmäßig größte überhaupt ist Französisch-Guayana (83.534 Quadratkilometer), das flächenmäßig größte in Europa Gironde (10.000 Quadratkilometer), das kleinste Paris (105 Quadratkilometer); das bevölkerungsreichste ist Nord (2.555.020 Einwohner), das bevölkerungsärmste Lozère (74.000 Einwohner).

Alle Départements sind – normalerweise in alphabetischer Reihenfolge – durchnummeriert, wobei die Nummer gleichzeitig die letzten beiden Stellen der ehemaligen Kfz-Kennzeichen (bis 2009) sowie die ersten beiden Stellen der Postleitzahl bildet. Auch der Gemeindeschlüssel enthält die Departementsnummer, ebenso die Sozialversicherungsnummer, in der der Schlüssel der Geburtsgemeinde enthalten ist.

Innere Organisation

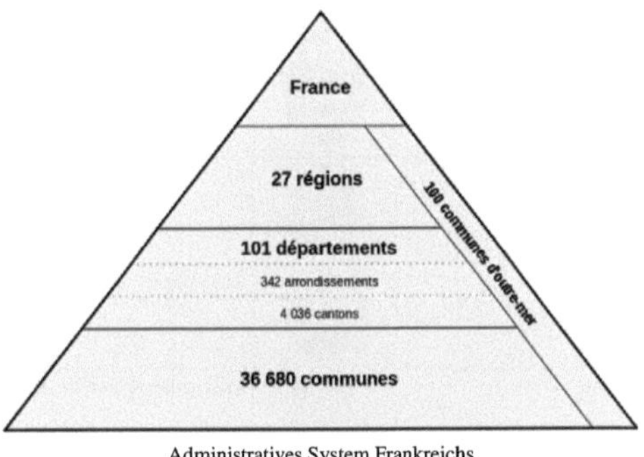

Administratives System Frankreichs

Der oberste Verwaltungsbeamte eines Départements ist der von der Regierung ernannte Präfekt (frz. *Préfet*), der die Präfektur (frz. *préfecture*) leitet.

Das oberste gewählte Gremium eines Départements ist der Generalrat (frz. *conseil général*). Durch die Dezentralisierungsgesetze von 1982 wurde die Stellung des Generalrates gegenüber dem Präfekten gestärkt.

Die Départements sind zu administrativen Zwecken in Arrondissements (insgesamt 342) und in Kantone (frz. *canton*) (2004: 4039) gegliedert. Die Arrondissements dienen der Dezentralisierung der Départementsverwaltung. In den Hauptorten von Arrondissements, die nicht zugleich Hauptort des Départements sind, hat eine Unterpräfektur (frz. *sous-préfecture*) ihren Sitz, die von einem Unterpräfekten (frz. *sous-préfet*) geleitet wird. Die Kantone dienen in erster Linie als Wahlbezirke für die Wahl der Mitglieder des Generalrates (die so genannten *Kantonalwahlen*). Selbstverwaltungseinheiten wie die Regionen, Départements und Gemeinden sind Arrondissements und Kantone nicht.

Die 36.782 (Stand: 2007) Gemeinden (*communes*) sind die unterste Ebene der Selbstverwaltung. Mit Ausnahme von 100 Gemeinden in den nicht voll integrierten Überseegebieten gehört jede Gemeinde zu einem der 101 Départements.

Eine Sonderstellung hat die Stadt Paris, die gleichzeitig Département und Gemeinde ist. Hier übt der Stadtrat auch die Funktion des Generalrates aus.

Übersichtstabelle

Nr.	Département	Wappen (nichtamtlich)	Region	Präfektur	ISO 3166-2	Einwohner (Jahr)	Fläche (km²)	Dichte (Einw./km²)
01	Ain		Rhône-Alpes	Bourg-en-Bresse	FR-01	588853 (2009)	5762	102.2
02	Aisne		Picardie	Laon	FR-02	539870 (2009)	7369	73.3
03	Allier		Auvergne	Moulins	FR-03	343046 (2009)	7340	46.7
04	Alpes-de-Haute-Provence		Provence-Alpes-Côte d'Azur	Digne-les-Bains	FR-04	159450 (2009)	6925	23
05	Hautes-Alpes		Provence-Alpes-Côte d'Azur	Gap	FR-05	135836 (2009)	5549	24.5
06	Alpes-Maritimes		Provence-Alpes-Côte d'Azur	Nizza	FR-06	1079100 (2009)	4299	251
07	Ardèche		Rhône-Alpes	Privas	FR-07	313578 (2009)	5529	56.7
08	Ardennes		Champagne-Ardenne	Charleville-Mézières	FR-08	283296 (2009)	5229	54.2
09	Ariège		Midi-Pyrénées	Foix	FR-09	151117 (2009)	4890	30.9
10	Aube		Champagne-Ardenne	Troyes	FR-10	303298 (2009)	6004	50.5
11	Aude		Languedoc-Roussillon	Carcassonne	FR-11	353980 (2009)	6139	57.7
12	Aveyron		Midi-Pyrénées	Rodez	FR-12	277048 (2009)	8735	31.7
13	Bouches-du-Rhône		Provence-Alpes-Côte d'Azur	Marseille	FR-13	1967299 (2009)	5087	386.7
14	Calvados		Basse-Normandie	Caen	FR-14	680908 (2009)	5548	122.7
15	Cantal		Auvergne	Aurillac	FR-15	148380 (2009)	5726	25.9

16	Charente		Poitou-Charentes	Angoulême	FR-16	351563 (2009)	5956	59
17	Charente-Maritime		Poitou-Charentes	La Rochelle	FR-17	616607 (2009)	6864	89.8
18	Cher		Centre	Bourges	FR-18	311022 (2009)	7235	43
19	Corrèze		Limousin	Tulle	FR-19	243352 (2009)	5857	41.5
2A (20A)	Corse-du-Sud		Korsika	Ajaccio	FR-2A	141330 (2009)	4014	35.2
2B (20B)	Haute-Corse		Korsika	Bastia	FR-2B	164344 (2009)	4666	35.2
21	Côte-d'Or		Burgund	Dijon	FR-21	524144 (2009)	8763	59.8
22	Côtes-d'Armor		Bretagne	Saint-Brieuc	FR-22	587519 (2009)	6878	85.4
23	Creuse		Limousin	Guéret	FR-23	123584 (2009)	5565	22.2
24	Dordogne		Aquitanien	Périgueux	FR-24	412082 (2009)	9060	45.5
25	Doubs		Franche-Comté	Besançon	FR-25	525276 (2009)	5234	100.4
26	Drôme		Rhône-Alpes	Valence	FR-26	482984 (2009)	6530	74
27	Eure		Haute-Normandie	Évreux	FR-27	582822 (2009)	6040	96.5
28	Eure-et-Loir		Centre	Chartres	FR-28	425502 (2009)	5880	72.4
29	Finistère		Bretagne	Quimper	FR-29	893914 (2009)	6733	132.8
30	Gard		Languedoc-Roussillon	Nîmes	FR-30	701883 (2009)	5853	119.9
31	Haute-Garonne		Midi-Pyrénées	Toulouse	FR-31	1230820 (2009)	6309	195.1

32	Gers		Midi-Pyrénées	Auch	FR-32	187181 (2009)	6257	29.9
33	Gironde		Aquitanien	Bordeaux	FR-33	1434661 (2009)	10000	143.5
34	Hérault		Languedoc-Roussillon	Montpellier	FR-34	1031974 (2009)	6101	169.1
35	Ille-et-Vilaine		Bretagne	Rennes	FR-35	977449 (2009)	6775	144.3
36	Indre		Centre	Châteauroux	FR-36	232268 (2009)	6791	34.2
37	Indre-et-Loire		Centre	Tours	FR-37	588420 (2009)	6127	96
38	Isère		Rhône-Alpes	Grenoble	FR-38	1197038 (2009)	7431	161.1
39	Jura		Franche-Comté	Lons-le-Saunier	FR-39	261277 (2009)	4999	52.3
40	Landes		Aquitanien	Mont-de-Marsan	FR-40	379341 (2009)	9243	41
41	Loir-et-Cher		Centre	Blois	FR-41	327868 (2009)	6343	51.7
42	Loire		Rhône-Alpes	Saint-Étienne	FR-42	746115 (2009)	4781	156.1
43	Haute-Loire		Auvergne	Le Puy-en-Velay	FR-43	223122 (2009)	4977	44.8
44	Loire-Atlantique		Pays de la Loire	Nantes	FR-44	1266358 (2009)	6815	185.8
45	Loiret		Centre	Orléans	FR-45	653510 (2009)	6775	96.5
46	Lot		Midi-Pyrénées	Cahors	FR-46	173562 (2009)	5217	33.3
47	Lot-et-Garonne		Aquitanien	Agen	FR-47	329697 (2009)	5361	61.5
48	Lozère		Languedoc-Roussillon	Mende	FR-48	77163 (2009)	5167	14.9

49	Maine-et-Loire		Pays de la Loire	Angers	FR-49	780082 (2009)	7166	108.9
50	Manche		Basse-Normandie	Saint-Lô	FR-50	497762 (2009)	5938	83.8
51	Marne		Champagne-Ardenne	Châlons-en-Champagne	FR-51	566145 (2009)	8162	69.4
52	Haute-Marne		Champagne-Ardenne	Chaumont	FR-52	185214 (2009)	6211	29.8
53	Mayenne		Pays de la Loire	Laval	FR-53	305147 (2009)	5175	59
54	Meurthe-et-Moselle		Lothringen	Nancy	FR-54	731019 (2009)	5246	139.3
55	Meuse		Lothringen	Bar-le-Duc	FR-55	194003 (2009)	6211	31.2
56	Morbihan		Bretagne	Vannes	FR-56	716182 (2009)	6823	105
57	Moselle		Lothringen	Metz	FR-57	1044898 (2009)	6216	168.1
58	Nièvre		Burgund	Nevers	FR-58	220199 (2009)	6817	32.3
59	Nord		Nord-Pas-de-Calais	Lille	FR-59	2571940 (2009)	5743	447.8
60	Oise		Picardie	Beauvais	FR-60	801512 (2009)	5887	136.1
61	Orne		Basse-Normandie	Alençon	FR-61	292210 (2009)	6103	47.9
62	Pas-de-Calais		Nord-Pas-de-Calais	Arras	FR-62	1461257 (2009)	6671	219
63	Puy-de-Dôme		Auvergne	Clermont-Ferrand	FR-63	629416 (2009)	7970	79
64	Pyrénées-Atlantiques		Aquitanien	Pau	FR-64	650356 (2009)	7645	85.1
65	Hautes-Pyrénées		Midi-Pyrénées	Tarbes	FR-65	229670 (2009)	4464	51.4

66	Pyrénées-Orientales		Languedoc-Roussillon	Perpignan	FR-66	445890 (2009)	4116	108.3
67	Bas-Rhin		Elsass	Straßburg	FR-67	1094439 (2009)	4755	230.2
68	Haut-Rhin		Elsass	Colmar	FR-68	748614 (2009)	3525	212.4
69	Rhône		Rhône-Alpes	Lyon	FR-69	1708671 (2009)	3249	525.9
70	Haute-Saône		Franche-Comté	Vesoul	FR-70	239194 (2009)	5360	44.6
71	Saône-et-Loire		Burgund	Mâcon	FR-71	554720 (2009)	8575	64.7
72	Sarthe		Pays de la Loire	Le Mans	FR-72	561050 (2009)	6206	90.4
73	Savoie		Rhône-Alpes	Chambéry	FR-73	411007 (2009)	6028	68.2
74	Haute-Savoie		Rhône-Alpes	Annecy	FR-74	725794 (2009)	4388	165.4
75	Paris		Île-de-France	Paris	FR-75	2234105 (2009)	105	21277.2
76	Seine-Maritime		Haute-Normandie	Rouen	FR-76	1250120 (2009)	6278	199.1
77	Seine-et-Marne		Île-de-France	Melun	FR-77	1313414 (2009)	5915	222
78	Yvelines		Île-de-France	Versailles	FR-78	1407560 (2009)	2284	616.3
79	Deux-Sèvres		Poitou-Charentes	Niort	FR-79	366339 (2009)	5999	61.1
80	Somme		Picardie	Amiens	FR-80	569775 (2009)	6170	92.3
81	Tarn		Midi-Pyrénées	Albi	FR-81	374018 (2009)	5758	65
82	Tarn-et-Garonne		Midi-Pyrénées	Montauban	FR-82	239291 (2009)	3718	64.4

83	Var		Provence-Alpes-Côte d'Azur	Toulon	FR-83	1007303 (2009)	5973	168.6
84	Vaucluse		Provence-Alpes-Côte d'Azur	Avignon	FR-84	540065 (2009)	3567	151.4
85	Vendée		Pays de la Loire	La Roche-sur-Yon	FR-85	626411 (2009)	6720	93.2
86	Vienne		Poitou-Charentes	Poitiers	FR-86	426066 (2009)	6990	61
87	Haute-Vienne		Limousin	Limoges	FR-87	374849 (2009)	5520	67.9
88	Vosges		Lothringen	Épinal	FR-88	380192 (2009)	5874	64.7
89	Yonne		Burgund	Auxerre	FR-89	343377 (2009)	7427	46.2
90	Territoire de Belfort		Franche-Comté	Belfort	FR-90	142461 (2009)	609	233.9
91	Essonne		Île-de-France	Évry	FR-91	1208004 (2009)	1804	669.6
92	Hauts-de-Seine		Île-de-France	Nanterre	FR-92	1561745 (2009)	176	8873.6
93	Seine-Saint-Denis		Île-de-France	Bobigny	FR-93	1515983 (2009)	236	6423.7
94	Val-de-Marne		Île-de-France	Créteil	FR-94	1318537 (2009)	245	5381.8
95	Val-d'Oise		Île-de-France	Cergy / Pontoise	FR-95	1168892 (2009)	1246	938.1
971	Guadeloupe		Guadeloupe	Basse-Terre	FR-GP	401554 (2009)	1628	246.7
972	Martinique		Martinique	Fort-de-France	FR-MQ	396404 (2009)	1128	351.4
973	Französisch-Guayana		Französisch-Guayana	Cayenne	FR-GF	224469 (2009)	86504	2.6
974	Réunion		Réunion	Saint-Denis	FR-RE	816364 (2009)	2517	324.3

976	Mayotte		Mayotte	Mamoudzou	FR-YT	186452 (2007)	374	498.5

Anmerkungen zur Nummerierung

Die Département-Nummern wurden ursprünglich nach der alphabetischen Reihenfolge der Départements vergeben. Bei der alphabetischen Nummerierung der Départements wurden vorangestellte attributive Adjektive so behandelt als stünden sie nach dem Substantiv. Durch die Einrichtung neuer Départements und durch Umbenennungen kommt es zu einzelnen Abweichungen.

Die Département-Nummer ist zugleich der zweite Teil des ISO 3166-2-Codes, dessen erster Teil der ISO 3166-1-Code FR für Frankreich ist. Die Nummer bildet auch die ersten beiden Stellen der Postleitzahl und bis April 2009 auch die letzten beiden Stellen der Kfz-Kennzeichen.

Folgende Besonderheiten bzw. Abweichungen von der alphabetischen Reihenfolge sind zu beachten:

- Infolge von Umbenennungen von Départements wurde die alphabetische Reihenfolge gebrochen, da die umbenannten Départements ihre alten Nummern behielten. das betrifft u.a. 44 Loire-Atlantique (früher *Loire-Inférieure*, deshalb nach 43 Haute-Loire *Loire Haute*), 22 Côtes-d'Armor (früher *Côtes-du-Nord*).
- Die Region Korsika (*Corse*) ist in die Départements 2A (*Corse-du-Sud*, eigentlich 20A) und 2B (*Haute-Corse*, eigentlich 20B) unterteilt. Die Postleitzahl beginnt jedoch in beiden Teilen Korsikas mit 20, das Departement kann aber an der dritten Ziffer unterschieden werden (0 für Ajaccio (Präfektur), 1 für Corse-du-Sud und 2 für Haute-Corse). Auf den alten Kfz-Kennzeichen stand 2A bzw. 2B.
- Nach dem Deutsch-Französischen Krieg bildete der bei Frankreich verbliebene Teil des Départements Haut-Rhin ab 1871 das Territoire-de-Belfort. Nach dem ersten Weltkrieg wurde es diesem nicht wieder zugeschlagen, sondern wurde 1922 das reguläre Département 90.
- Die Übersee-Départements liegen alle auf Position 97 und unterscheiden sich in der dritten Stelle (1–4. 6) – sowohl in Bezug auf die Postleitzahl als auch auf die Kennzeichen. Beispiel: 205 ANY 971. Mayotte hat die Nummer 976, da die Nummer 975 bereits Saint-Pierre und Miquelon zugewiesen wurde.
- Nach der Teilung der Départements Seine und Seine-et-Oise 1968 wurde die alphabetische Reihenfolge gebrochen. Paris behielt die Nummer 75 von Seine und Yvelines die 78 von Seine-et-Oise. Die anderen neu entstandenen Départements bekamen die folgenden noch nicht benutzten Ziffern am Ende der Auflistung: Essonne erhielt die 91, Hauts-de-Seine die 92, Seine-Saint-Denis die 93, Val-de-Marne die 94 und Val-d'Oise die 95.

Geschichte

Institutionelle Entwicklung

Die Départements wurden ebenso wie die Gemeinden 1789/1790 im Laufe der Französischen Revolution eingeführt. Durch ein Gesetz vom 22. Dezember 1789 traten sie an die Stelle der historischen Provinzen, die sich in Rechtsstatus und Größe stark voneinander unterschieden hatten. Am 26. Februar 1790 wurde Frankreich in 83 ungefähr gleich große Départements aufgeteilt. Als Größe wurde dabei festgelegt, dass die Grenze von der Hauptstadt des Départements nicht weiter als einen Tagesritt zu Pferd entfernt sein dürfe. Diese Neugliederung Frankreichs in Départements trat am 4. März 1790 in Kraft.

Um den vollständigen Bruch mit der Tradition deutlich zu machen, wurden die Départements einheitlich nach den sie durchquerenden Flüssen oder nach Bergen benannt. Davon wurde nur 1860 nach der Angliederung Savoyens mit den neuen Départements *Savoie* und *Haute-Savoie* abgewichen; dies geschah wohl, weil Napoléon III. den Gebietsgewinn dauerhaft propagandistisch ausschlachten wollte. (1792 hatte Savoyen bei der ersten Annexion noch den Namen *Mont-Blanc* bekommen.)

Jedes Département erhielt 1790 eine Versammlung (*assemblée*) aus 36 gewählten Mitgliedern, die ihrerseits einen Präsidenten und ein ständiges Exekutivdirektorium (*directoire exécutif permanent*) wählten. Die Départements wurden ihrerseits in jeweils bis zu 9 Distrikte und die Distrikte in jeweils bis zu neun Kantone gegliedert.

Im Jahre 1795 wurde die innere Organisation der Départements neu geordnet. Die Distrikte wurden abgeschafft, und die Verwaltung wurde zu Lasten der Gemeinden auf der Ebene der Hauptorte der Kantone konzentriert.

Durch das Gesetz vom 17. Februar 1800 (bzw. 28. Pluviôse des Jahres VIII (vgl. Revolutionskalender)) wurde die innere Struktur der Départements erneut geändert. Die Départements wurden in Arrondissements und Kantone aufgeteilt, deren Anzahl geringer als diejenige der Distrikte und Kantone von 1790 war. Es wurden die Präfekturen und Unterpräfekturen sowie die Generalräte geschaffen. Der von der Regierung ernannte Präfekt (frz. *Préfet*) wurde der oberste Verwaltungsbeamte eines Départements mit sehr weitgehenden Befugnissen. Diese Struktur blieb auch nach der Restauration der Bourbonen 1814/1815 bestehen.

Eine Übersicht zu den Départements zur Zeit der Revolutionskriege und Napoleons findet sich unter Französische Départements in Mitteleuropa von 1792 bis 1814. Durch das Gesetz vom 10. August 1871 wurde die Wahl der Generalräte nach allgemeinem Wahlrecht mit den Kantonen als Wahlkreisen eingeführt. Danach blieb die innere Organisation der Départements mehr als 100 Jahre lang unverändert.

Durch das Dezentralisierungsgesetz von 1982 wurden die Kompetenzen der Départements erweitert. Die Dezentralisierung übertrug zahlreiche Kompetenzen unter anderem auf den Gebieten der Städteplanung und Raumordnung, des Wohnungsbaus, der Verkehrs- und Umweltpolitik und des Sozial- und Gesundheitswesens auf die gewählten Körperschaften der Gemeinden (*conseil municipal* – Gemeinderat), Départements (*conseil général* – Generalrat) und Regionen (*conseil régional* – Regionalrat). Der Präfekt (vorübergehend *Commissaire de la République* genannt) musste große Teile seiner Befugnisse an den Präsidenten des Generalrats abgeben, dem durch Gesetz vom 2. März 1985 die Leitung der Exekutive des Départements übertragen wurde.

Neugliederungen und Umbenennungen von Départements

Die Mehrzahl der 1790 geschaffenen Départements besteht in unveränderter Form bis heute – eine im Vergleich zu anderen Ländern bemerkenswerte territoriale Kontinuität. Eine Reihe von Départements ist jedoch im Laufe der vergangenen 200 Jahre aufgeteilt, neugeschaffen oder umbenannt worden. Fast alle Départements mit den Namenbestandteilen *-Inférieur* („Nieder-", aber auch „schlecht") und *Bas-* („Unter-; Nieder-") erhielten seit Mitte des 20. Jahrhunderts neue Namen.

- 1791: Umbenennung des Départements *Mayenne-et-Loire* in Maine-et-Loire.
- 1792: Aus dem von Frankreich annektierten Savoyen wird das Département *Mont-Blanc* (Hauptort: Chambéry) gebildet
- 1793: Umbenennung des Départements Gironde in *Bec-d'Ambès* (aus Anlass der Verhaftung der Girondisten).
- 1793: Teilung des Départements *Corse* (Korsika) (Hauptort: Bastia) in zwei Départements, *Golo* (Hauptort: Bastia) und *Liamone* (Hauptort: Ajaccio).
- 1793: Teilung des Départements *Rhône-et-Loire* in die Départements Rhône und Loire.
- 1793: Nach der Annexion der Grafschaft Venaissin (frühere päpstliche Enklave), des Fürstentums Orange und von Avignon wird das Département Vaucluse geschaffen.
- 1793: Nach der Annexion von Nizza wird das Département Alpes-Maritimes (Hauptort: Nizza) geschaffen.
- 1795: Das Département *Bec-d'Ambès* erhält wieder den Namen Gironde.
- 1795: Das Département *Paris* wird in Seine umbenannt.
- 1798: Nach der Annexion von Genf wird aus der Stadt, dem nördlichen Teil des Départements *Mont-Blanc* und einem Teil des Départements Ain das Département *Léman* (Hauptort: Genf) gebildet.
- 1808: Aus Teilen der Départements Aveyron, Haute-Garonne, Gers, Lot und Lot-et-Garonne wird das Département Tarn-et-Garonne gebildet.

- 1811: Die Départements *Golo* und *Liamone* werden wieder zum Département *Corse* (Korsika) vereinigt (Hauptort jetzt: Ajaccio).
- 1814: Da Genf wieder zur Schweiz kommt, wird das Département *Léman* aufgelöst, und die Départements Ain und *Mont-Blanc* erhalten wieder die Grenzen von vor 1798.
- 1815: Da Savoyen und Nizza wieder zum Königreich Sardinien kommen, werden die Départements *Mont-Blanc* und Alpes-Maritimes aufgelöst.
- 1860: Nach der Abtretung von Savoyen und der Grafschaft Nizza durch das Königreich Sardinien werden die Départements Savoie, Haute-Savoie und Alpes-Maritimes neu geschaffen; zum Département Alpes-Maritimes kommt neben der vormaligen Grafschaft Nizza auch das Arrondissement Grasse, das bis dahin zum Département Var gehörte.
- 1871: Das gesamte Département Bas-Rhin, der größte Teil der Départements Haut-Rhin und Moselle sowie ein Teil des Départements *Meurthe* werden als Elsass-Lothringen an das Deutsche Reich abgetreten. Die bei Frankreich gebliebenen Teile der Départements *Meurthe* und *Moselle* werden zum Département Meurthe-et-Moselle vereinigt. Der bei Frankreich gebliebene Teil des Départements Haut-Rhin bildet das Territoire-de-Belfort, das den Status eines *verbliebenen Arrondissements von Haut-Rhin* mit einem *Administrateur* anstelle des Präfekten und einer *Commission départementale* anstelle des Generalrates hat.
- 1919: Bei der Wiedereingliederung von Elsass-Lothringen werden die Départements Bas-Rhin, Haut-Rhin (ohne das Territoire-de-Belfort) und Moselle (einschließlich des zwischenzeitlich zum Deutschen Reich gehörenden Teiles des vormaligen Départements *Meurthe*) neu gebildet.
- 1922: Das Territoire-de-Belfort wird ein reguläres Département.
- 1941: Umbenennung des Départements *Charente-Inférieure* in Charente-Maritime.
- 1946: Die Überseegebiete Guadeloupe, Französisch-Guayana (*Guyane française*), Martinique und Réunion werden Überseedépartements (*départements d'outre-mer*).
- 1955: Umbenennung des Départements *Seine-Inférieure* in Seine-Maritime.
- 1957: Umbenennung des Départements *Loire-Inférieure* in Loire-Atlantique.
- 1968 (aufgrund eines Gesetzes von 1964): Neugliederung der Départements der Île-de-France. Das Département Seine wird in vier neue Départements aufgeteilt: Paris (nur aus der Stadt Paris bestehend), Hauts-de-Seine, Seine-Saint-Denis und Val-de-Marne. Die drei letztgenannten Départements umfassen auch einige Gemeinden, die vorher zum Département *Seine-et-Oise* gehörten. Das Département Seine-et-Oise wird in drei neue Départements aufgeteilt: Yvelines, Essonne und Val-d'Oise.
- 1969: Umbenennung des Départements *Basses-Pyrénées* in Pyrénées-Atlantiques.
- 1970: Umbenennung des Départements *Basses-Alpes* in Alpes-de-Haute-Provence.
- 1975: Das Département *Corse* (Korsika) wird in die Départements Corse-du-Sud und Haute-Corse aufgeteilt.
- 1990: Umbenennung des Départements *Côtes-du-Nord* in Côtes-d'Armor.
- 2011: Das Überseegebiet Mayotte wird Überseedépartement (*département d'outre-mer*).[2]

Départements in vorübergehend dem französischen Staat angegliederten Gebieten

Départements zur Zeit der Revolutionskriege und in der Ära Napoleons

Ab 1792, zur Zeit der Revolutionskriege und der Ära Napoleons I., wurden weite Gebiete West- und Mitteleuropas von Frankreich annektiert und nach und nach in die Départementsstruktur integriert. Dies betraf die heutigen Benelux-Staaten, Teile Deutschlands (das gesamte linke Rheinufer und ab 1811 die Mündungsgebiete von Ems, Weser und Elbe), der Schweiz und Italiens. Auf dem Höhepunkt der französischen Eroberungen (1811) gab es 130 Départements und Städte wie Brüssel, Amsterdam, Hamburg, Aachen, Genf, Turin oder Rom waren Teil des französischen Kaiserreichs. Alle diese Gebiete gingen 1814 mit dem Sturz Napoleons wieder verloren.

Die angegliederten Gebiete mit Jahr der Annexion und heutiger Staatszugehörigkeit

Nummer	Name	Hauptort	Zeitraum	Heutige Staaten
110	Apennins (*Apenninen*)	Chiavari	1805–1814	Italien
112	Arno	Florenz	1808–1814	Italien (Toscana)
	Bouches-de-l'Èbre (*Ebromündung*)	Lleida	1812–1813	Spanien
	Bouches-de-l'Èbre-Montserrat	Barcelona	1813–1814	Spanien
128	Bouches-de-l'Elbe (*Elbmündung*)	Hamburg	1811–1814	Deutschland (Hamburg, Niedersachsen, Schleswig-Holstein)
125	Bouches-de-l'Escaut (*Scheldemündung*)	Middelburg	1810–1814	Niederlande (Zeeland)
119	Bouches-de-la-Meuse (*Maasmündung*)	Den Haag	1811–1814	Niederlande
126	Bouches-du-Rhin (*Rheinmündung*)	's-Hertogenbosch	1810–1814	Niederlande
129	Bouches-du-Weser (*Wesermündung*)	Bremen	1811–1814	Deutschland (Niedersachsen, Bremen)
120	Bouches-de-l'Yssel (*Ijsselmündung*)	Zwolle	1811–1814	Niederlande
	Corcyre (*Korfu*)	Korfu	1797–1799	Griechenland
93	Deux-Nèthes	Antwerpen	1795–1814	Belgien, Niederlande
109	Doire	Ivrea	1802–1814	Italien
94	Dyle	Brüssel	1795–1814	Belgien
123	Ems-Occidental (*Westems*)	Groningen	1811–1814	Niederlande, Deutschland (Niedersachsen)
124	Ems-Oriental (*Ostems*)	Aurich	1811–1814	Deutschland (Niedersachsen)
130	Ems-Supérieur (*Oberems*)	Osnabrück	1811–1814	Deutschland (Niedersachsen, Nordrhein-Westfalen)
92	Escaut (*Schelde*)	Gent	1795–1814	Belgien, Niederlande
98	Forêts (*Wälder*)	Luxemburg	1795–1814	Luxemburg, Belgien, Deutschland (Rheinland-Pfalz)
122	Frise (*Friesland*)	Leeuwarden	1811–1814	Niederlande
87	Gênes (*Genua*)	Genua	1805–1814	Italien
	Ithaque (*Ithaka*)	Argostoli	1797–1798	Griechenland
86	Jemapes	Mons	1795–1814	Belgien, Frankreich
99	Léman (*Genfer See*)	Genf	1798–1814	Schweiz (Genf), Frankreich
131	Lippe	Münster	1811–1814	Deutschland (Nordrhein-Westfalen, Niedersachsen)
91	Lys (*Leie*)	Brügge	1795–1814	Belgien
106	Marengo	Alessandria	1802–1814	Italien
113	Méditerranée (*Mittelmeer*)	Livorno	1808–1814	Italien
	Mer-Égée (*Ägäis*)	Zakynthos	1797–1798	Griechenland
95	Meuse-Inférieure (*Niedermaas*)	Maastricht	1795–1814	Niederlande, Belgien, Deutschland (Nordrhein-Westfalen)
100	Mont-Tonnerre (*Donnersberg*)	Mainz	1801–1814	Deutschland (Rheinland-Pfalz, Saarland)
	Mont-Terrible (*Pultberg*)	Porrentruy	1793–1800	Schweiz (Jura, Bern), Frankreich
108	Montenotte	Savona	1805–1814	Italien
	Montserrat	Barcelona	1812–1813	Spanien
114	Ombrone	Siena	1808–1814	Italien
96	Ourthe (*Urt*)	Lüttich	1795–1814	Belgien, Deutschland
104	Pô (*Po*)	Turin	1802–1814	Italien

102	Rhin-et-Moselle (*Rhein und Mosel*)	Koblenz	1801–1814	Deutschland (Rheinland-Pfalz, Nordrhein-Westfalen)
103	Roer (*Rur*)	Aachen	1801–1814	Deutschland, Niederlande
116	Rome (*Rom*)	Rom	1810–1814	Italien, Vatikanstaat
97	Sambre-et-Meuse (*Sambre und Maas*)	Namur	1795–1814	Belgien
101	Sarre (*Saar*)	Trier	1801–1814	Deutschland (Rheinland-Pfalz, Saarland), Belgien
	Sègre	Puigcerdà	1812–1813	Spanien
	Sègre-Ter	Girona	1813–1814	Spanien
107	Sésia	Vercelli	1802–1814	Italien
127	Simplon	Sitten	1810–1814	Schweiz (Wallis)
105	Stura	Cuneo	1802–1814	Italien
	Tanaro	Asti	1802–1805	Italien
111	Taro	Parma	1808–1814	Italien
	Ter	Girona	1812–1813	Spanien
116	Tibre (*Tiber*)	Rom	1809–1810	Italien, Vatikanstaat
117	Trasimène (*Trasimenischer See*)	Spoleto	1809–1814	Italien
121	Yssel-Supérieur (*Oberijssel*)	Arnheim	1811–1814	Niederlande
118	Zuyderzée (*Zuiderzee*)	Amsterdam	1811–1814	Niederlande

Darüber hinaus gingen verschiedene weiterhin bzw. wieder bestehende Départements über heutiges französisches Staatsgebiet hinaus. Dies betrifft insbesondere die Départements

- Bas-Rhin, das auch die Südpfalz umfasste und
- Alpes-Maritimes, zu dem auch Monaco gehörte

Départements in Übersee 1795–1800

Name	Präfektur	Zeitraum	Heutige Staaten
Département du Sud		1795–1800	Dominikanische Republik, Haiti
Département de l'Inganne		1795–1800	Dominikanische Republik, Haiti
Département du Nord		1795–1800	Dominikanische Republik, Haiti
Département de l'Ouest		1795–1800	Dominikanische Republik, Haiti
Département de Samana		1795–1800	Dominikanische Republik, Haiti
Sainte-Lucie		1795–1800	St. Lucia, Tobago
Île de France		1795–1800	Mauritius, Rodrigues, Seychellen
Indes-Orientales		1795–1800	Indien (Pondichéry, Karaikal, Yanam, Mahé, Chandannagar)

Départements in Algerien

1848 wurde das von Frankreich annektierte Algerien in drei Départements gegliedert; 1955 kam ein viertes hinzu. Die vier Départements wurden 1957 in 17 neue gegliedert. 1962 wurde Algerien unabhängig, bewahrte jedoch bis 1978 die unter französischer Herrschaft geschaffene Verwaltungsgliederung.

Algerien vor 1957

Nr.	Département	Präfektur	Zeitraum
91	Alger	Algier	1848–1957
92	Oran	Oran	1848–1957
93	Constantine	Constantine	1848–1957
–	Bône	Annaba	1955–1957

Algerien 1957 bis 1962

Nr.	Département	Präfektur	Zeitraum
8A	Oasis	Ouargla	1957–1962
8B	Saoura	Béchar	1957–1962
9A	Alger	Algier	1957–1962
9B	Batna	Batna	1957–1962
9C	Bône	Annaba	1957–1962
9D	Constantine	Constantine	1957–1962
9E	Médéa	Medea	1957–1962
9F	Mostaganem	Mostaganem	1957–1962
9G	Oran	Oran	1957–1962
9H	Orléansville	Chlef	1957–1962
9J	Sétif	Setif	1957–1962
9K	Tiaret	Tiaret	1957–1962
9L	Tizi-Ouzou	Tizi Ouzou	1957–1962
9M	Tlemcen	Tlemcen	1957–1962
9N	Aumale	Sour el Ghozlane	1958–1962
9P	Bougie	Bejaia	1958–1962
9R	Saida	Saida	1958–1962

Karten

Französische *Regionen* und *Départements* (Nummern)

Französische *Regionen* und *Départements* (Nummern und Namen)

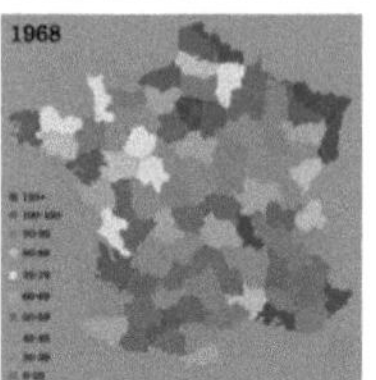

Die Bevölkerungsdichte in den französischen Départements 1968 (Einwohner je km²).

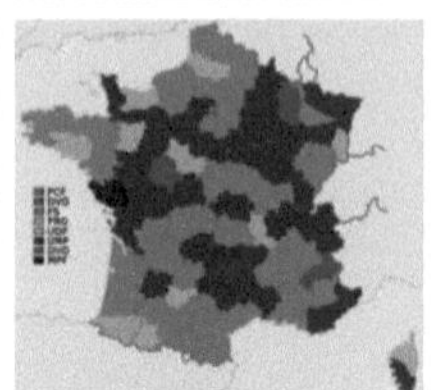

Politische Präferenz der Départements

Siehe auch

- Wappen der Départements Frankreichs
- Route départementale- die französischen Departements-Straßen

Weblinks

- Institut National de la Statistique et des Études Économiques [3]
- Le SPLAF - Site sur la Population et les Limites Administratives de la France [4]
- L'encyclopédie des Villes de France [5]

Einzelnachweise

[1] Résultat de la consultation populaire du 29 mars 2009 à Mayotte (http://www.malango.fr/resultats_referendum_mayotte_2009.htm) nach der Volksabstimmung am 29. März 2009

[2] Malango.fr: Résultat de la consultation populaire du 29 mars 2009 à Mayotte (http://www.malango.fr/resultats_referendum_mayotte_2009.htm) (französisch)

[3] http://www.insee.fr

[4] http://splaf.free.fr/

[5] http://www.linternaute.com/ville

Limousin

Limousin

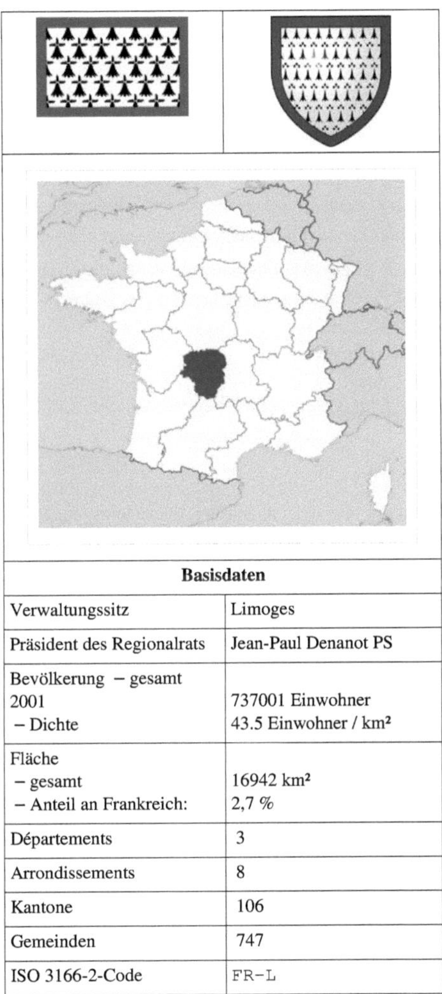

Basisdaten	
Verwaltungssitz	Limoges
Präsident des Regionalrats	Jean-Paul Denanot PS
Bevölkerung – gesamt 2001 – Dichte	737001 Einwohner 43.5 Einwohner / km²
Fläche – gesamt – Anteil an Frankreich:	 16942 km² 2,7 %
Départements	3
Arrondissements	8
Kantone	106
Gemeinden	747
ISO 3166-2-Code	FR-L

Das **Limousin** [limu'zɛ̃] (okzit. *Lemosin*) ist eine Region in Mittelfrankreich und nordwestlicher Teil des Zentralmassivs. Sie besteht aus den Départements Corrèze, Creuse, und Haute-Vienne. Hauptstadt ist Limoges (okzit. *Limòtges / Lemòtges*). Mit einer Fläche von 16.942 km² und etwa 725.000 Einwohnern ist Limousin eine der am dünnsten besiedelten Regionen des französischen Hauptlandes.

Geographie

Der wichtigste Fluss ist die Vienne, an der auch Limoges liegt. Die Landschaft ist bereits zum Teil recht hügelig. So liegen im Südteil die Monts du Limousin und östlich anschließend das höhergelegene Plateau de Millevaches, die beide dem Massif Central angehören.

Wappen

Beschreibung: In Weiß sechs Reihen eingestreute schwarze Hermelin mit rotem Bord.

Geschichte

Im 6. Jahrhundert kam das Gebiet unter fränkische Herrschaft und zerfiel später in mehrere Vizegrafschaften, die jahrhundertelang vom Haus Anjou-Plantagenet beherrscht wurden. 1607 fiel es unter die direkte Kontrolle der französischen Krone. Den Nordteil des Landes bildet die historische Landschaft La Marche.

Mit der Einrichtung der Regionen in Frankreich 1960 entstand die Region Limousin in den derzeitigen Grenzen. 1972 erhielt die Region den Status eines *Établissements public* unter Leitung eines Regionalpräfekten. Durch die Dezentralisierungsgesetze von 1982 erhielten die Regionen den Status von *Collectivités territoriales* (Gebietskörperschaften), wie ihn bis dahin nur die Gemeinden und die Départements besessen hatten. Im Jahre 1986 wurden die Regionalräte erstmals direkt gewählt. Seitdem wurden die Befugnisse der Region gegenüber der Zentralregierung in Paris schrittweise erweitert.

Sprache

Okzitanisch ist die historische Sprache der Region (mit den Dialekten Languedokisch und Limousinisch). Diese Sprache war die Sprache der Troubadoure um 1100 bis 1300 .

Politische Gliederung

Die Region Limousin untergliedert sich in 3 Départements.

Département	Präfektur	ISO 3166-2	Arrondissements	Kantone	Gemeinden	Einwohner (Jahr)	Fläche (km²)	Dichte (Einw./km²)
Corrèze	Tulle	FR-19	3	37	286	243352 (2009)	5857	41.5
Creuse	Guéret	FR-23	2	27	260	123584 (2009)	5565	22.2
Haute-Vienne	Limoges	FR-87	3	42	201	374849 (2009)	5520	67.9

Wirtschaft

Im Vergleich mit dem BIP der EU ausgedrückt in Kaufkraftstandards erreichte die Region 2006 einen Index von 89,5 (EU-27 = 100).[1]

Partnerschaft

Der Bezirk Mittelfranken schloss 1981 als erste Region in Bayern eine Partnerschaft mit dem Département Haute-Vienne in Frankreich; in den Jahren danach folgten entsprechende Vereinbarungen mit den beiden Nachbardépartements Creuse und Corrèze. Dies mündete 1995 in eine Partnerschaft zwischen der (Gesamt-)Region Limousin und dem Bezirk Mittelfranken.

Siehe auch

- Liste der Präsidenten des Regionalrates des Limousin seit 1986
- Limousine

Quellen

[1] Eurostat Pressemitteilung 23/2009: Regionales BIP je Einwohner in der EU27 (http://epp.eurostat.ec.europa.eu/pls/portal/docs/PAGE/PGP_PRD_CAT_PREREL/PGE_CAT_PREREL_YEAR_2009/PGE_CAT_PREREL_YEAR_2009_MONTH_02/1-19022009-DE-AP.PDF) (PDF-Datei; 360 kB)

Region_(Frankreich)

Die **Regionen** (französisch *régions*, Sg. *région*) sind Gebietskörperschaften *(collectivités territoriales)* in Frankreich.

Es gibt insgesamt 26 Regionen (ohne Korsika). 21 der Regionen befinden sich in Europa, fünf der französischen Überseegebiete – Französisch-Guayana, Guadeloupe, Martinique, Mayotte und Réunion – sind als Übersee-Regionen *(régions d'outre-mer)* konstituiert.[1] Die in Europa gelegenen Regionen bestehen jeweils aus mehreren Départements, die Übersee-Regionen enthalten jeweils nur ein Übersee-Departement. Korsika, eine Gebietskörperschaft mit Sonderstatus *(collectivité à statut particulier)*, wird manchmal den Regionen zugerechnet.[2]

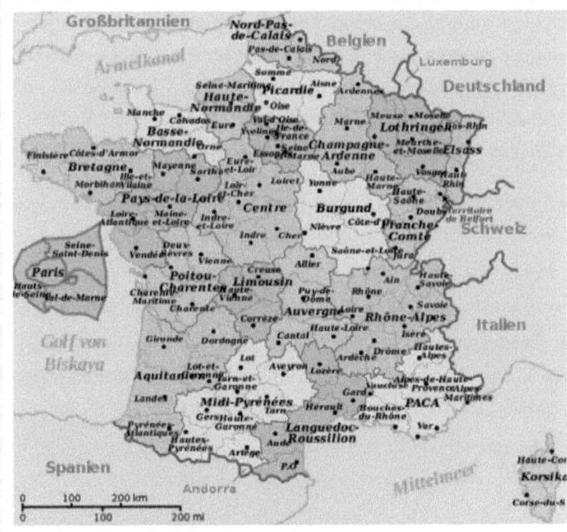

Karte der französischen Regionen und Départements in Europa

Die Regionen lassen sich in ihrer Größe mit den deutschen Ländern vergleichen, sind aber keine Gliedstaaten mit eigener Verfassung. Ihre Autonomie ist finanzieller, nicht aber gesetzgeberischer Art.

Aufbau und Funktion

Institutionen

Der von der Zentralregierung ernannte Regionalpräfekt *(préfet de région)* koordiniert die Tätigkeit der Zentralregierung in der Region. Die Funktion des Regionalpräfekten wird jeweils in Personalunion von dem Präfekten des Départements ausgeübt, in dem sich der Hauptort der Region befindet.

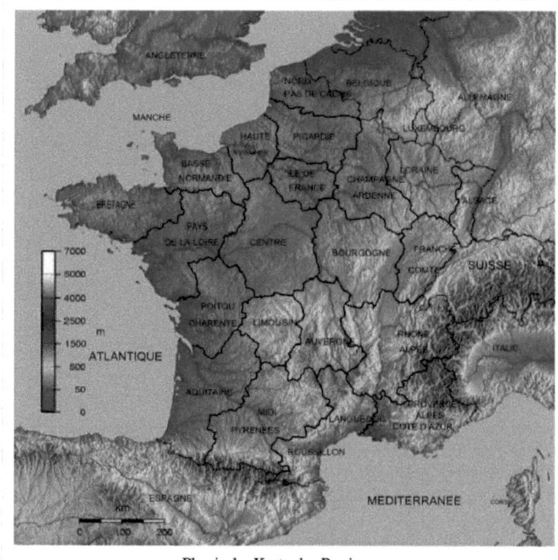

Physische Karte der Regionen

Der Regionalrat *(conseil régional)* wird alle sechs Jahre direkt gewählt. Während bei den Wahlen der Regionalräte 1986, 1992 und 1998 ein reines Verhältniswahlsystem eingesetzt wurde, wurde zu den Wahlen vom März 2004 ein neues Wahlverfahren eingeführt. Demnach gilt weiterhin ein Verhältniswahlrecht nach Listen, jedoch mit zwei Wahlgängen und einer „Mehrheitsprämie". Wenn im ersten Wahlgang keine Liste die absolute Mehrheit der Stimmen gewonnen hat, findet ein zweiter Wahlgang statt. An diesem können nur Listen teilnehmen, die im ersten Wahlgang mehr als zehn Prozent der Stimmen erhalten haben. Gleichzeitig erhalten alle Listen, die im ersten Wahlgang mehr als fünf Prozent der Stimmen erhalten haben, die Möglichkeit, mit einer anderen Liste zu fusionieren. Drei Viertel der Sitze des Regionalrats werden proportional unter allen Listen verteilt, die im letzten Wahlgang mehr als fünf Prozent der Stimmen erhalten haben. Die siegreiche Liste mit mehr als 50 % im ersten Wahlgang bzw. der größten Stimmenzahl im zweiten Wahlgang erhält das letzte Viertel der Sitze des Regionalrats zusätzlich.

Der Regionalrat wählt einen Präsidenten *(président du conseil régional)* sowie mehrere Vizepräsidenten für verschiedene Zuständigkeitsbereiche, die die Selbstverwaltung der Region leiten.

In den Übersee-Regionen existieren jeweils nebeneinander ein Regionalrat und der Generalrat des Départements, die jeweils die den Regionen beziehungsweise den Départements zukommenden Befugnisse ausüben.

Als Gebietskörperschaft mit Sonderstatus hat Korsika nicht die Organe einer Region, sondern eine Versammlung *(Assemblée de Corse)*, die weiterhin nach reinem Verhältniswahlrecht gewählt wird, und einen dieser gegenüber verantwortlichen Exekutivrat *(conseil exécutif)*.

Sitzungssaal des Regionalrates von Französisch-Guayana, Südamerika

Amtliche Statistik

Die 26 Regionen und Korsika dienen auch als Statistikregionen der Ebene NUTS-2. Auf der übergeordnete Ebene NUTS-1 bestehen neun Zones d'études et d'aménagement du territoire.

Geschichte

Die heutigen französischen Regionen wurden 1956 als Programmregionen *(régions de programme)* zur Koordinierung der staatlichen Regionalplanung geschaffen. Ab 1960 trugen sie die Bezeichnung *Circonscriptions d'action régionale*. 1964 wurden für die Regionen Kommissionen für Regionale wirtschaftliche Entwicklung, *Commissions de Développement Économique Régional*, geschaffen.

1970 wurde Korsika, das bis dahin Teil der Region Provence-Alpes-Côte d'Azur-Corse gewesen war, eine eigene Region getrennt von Provence-Alpes-Côte d'Azur.

1972 erhielten die Regionen den Status von *établissements publics* unter Leitung eines Regionalpräfekten *(préfet de région)*. Die *Commissions de Développement Économique Régional* wurden mit Wirkung ab 1973 in Regionalräte *(conseils régionaux)* umbenannt. Die Überseedépartements erhielten 1972 ebenfalls den Status von Regionen.

1976 wurde das Gebiet um die französische Hauptstadt Paris, das bis dahin die Bezeichnung *Région Parisienne* trug, unter dem Namen Île-de-France mit den übrigen Regionen gleichgestellt.

Durch die Dezentralisierungsgesetze von 1982 erhielten die Regionen den Status von Gebietskörperschaften *(collectivités territoriales)*, wie ihn bis dahin nur die Gemeinden und die Départements besessen hatten.

Im Jahre 1986 wurden die Regionalräte erstmals direkt gewählt. In den Überseeregionen fanden die ersten Regionalwahlen schon 1983 statt. Seitdem wurden die Befugnisse der Regionen gegenüber denen der Zentralregierung schrittweise erweitert.

Korsika wurde 1982 eine Region mit Sonderstatus und hatte von diesem Jahr an eine direkt gewählte Regionalversammlung. Im Jahre 1991 wurde es eine Gebietskörperschaft mit Sonderstatus nach dem Vorbild Französisch-Polynesiens.

2011 kam Mayotte nach einer Volksabstimmung 2009 als Region (ROM/DOM) hinzu.

Übersichtstabelle der Regionen Frankreichs

Region	Hauptort	Bevölkerung [3]	Fläche [4]	Flächenanteil inklusive TOM	Flächenanteil an Frankreich in Europa	Bevölkerungsdichte [5]	Bruttoinlandsprodukt pro Kopf [6]	Arbeitslosenquote [7]
Aquitanien *(Aquitaine)*	Bordeaux	2.908.359	41.308	6,5	7,6	70	27.562	8,7
Auvergne	Clermont-Ferrand	1.308.878	26.013	4,1	4,8	50	25.630	8,4
Basse-Normandie	Caen	1.422.193	17.589	2,8	3,2	81	24.813	9,0
Bretagne	Rennes	2.906.197	27.208	4,3	5,0	107	26.547	7,7
Burgund *(Bourgogne)*	Dijon	1.610.067	31.582	5,0	5,8	51	26.427	8,5
Centre	Orléans	2.440.329	39.151	6,2	7,2	62	26.541	8,4
Champagne-Ardenne	Châlons-en-Champagne	1.342.363	25.606	4,0	4,7	52	27.835	10,0
Elsass *(Alsace)*	Straßburg *(Strasbourg)*	1.734.145	8.280	1,3	1,5	209	28.470	8,4
Franche-Comté	Besançon	1.117.059	16.202	2,5	2,0	69	25.010	9,7
Französisch-Guayana *(Guyane)*	Cayenne	206.000	83.534	13,6		2,26		
Guadeloupe	Basse-Terre	422.496	1.703	0,3		248		
Haute-Normandie	Rouen	1.780.192	12.317	1,9	2,3	145	27.990	10,2
Île-de-France	Paris	10.952.011	12.012	1,9	2,2	912	47.155	7,8
Korsika *(Corse)*	Ajaccio	260.196	8.680	1,4	1,6	30	24.232	8,3
Languedoc-Roussillon	Montpellier	2.295.648	27.376	4,3	5,0	84	23.726	12,4
Limousin	Limoges	710.939	16.942	2,7	3,1	42	24.794	7,7
Lothringen *(Lorraine)*	Metz	2.310.376	23.547	3,7	4,3	98	24.606	9,9
Martinique	Fort-de-France	381.427	1.128	0,2		338		
Mayotte	Mamoudzou	186.452	374	0,1		498		
Midi-Pyrénées	Toulouse	2.551.687	45.348	7,1	8,3	56	27.384	9,0
Nord-Pas-de-Calais	Lille	3.996.588	12.414	2,0	2,3	322	24.866	12,8
Pays de la Loire	Nantes	3.222.061	32.082	5,0	5,9	100	27.533	8,2
Picardie	Amiens	1.857.481	19.399	3,1	3,6	96	23.890	10,8
Poitou-Charentes	Poitiers	1.640.068	25.810	4,1	4,7	64	25.259	8,9
Provence-Alpes-Côte d'Azur	Marseille	4.506.151	31.400	4,9	5,8	144	28.949	10,3
Réunion	Saint-Denis	706.300	2.504	0,4		282		
Rhône-Alpes	Lyon	5.645.407	43.698	6,9	8,0	129	30.601	8,6
gesamt		**60.185.831**	**672.352**[8]				**1.950.085**[9]	

Einzelnachweise

[1] Nadine Dantonel-Cor: *Droit des collectivités territoriales.* 3e édition. Rosny-sous-Bois: Bréal, 2007. – ISBN 978-2-7495-0784-2, S. 35

[2] *Quelles sont les différentes collectivités territoriales ?* (http://www.vie-publique.fr/decouverte-institutions/institutions/collectivites-territoriales/definition/quelles-sont-differentes-collectivites-territoriales.html) auf www.vie-publique.fr

[3] Volkszählung von 1999, Quelle: http://www.insee.fr

[4] in Quadratkilometern

[5] Bevölkerungsdichte in Einwohnern pro Quadratkilometer

[6] 2008, klassiert in Euro, Quelle: Insee 2008

[7] Zweites Trimester 2009, in Prozent, Quelle: Insee 2009

[8] Fläche inklusive Überseegebiete

[9] in Millionen Euro

Siehe auch

- Liste der Präsidenten der französischen Regionalräte
- Flaggen und Wappen der Regionen Frankreichs

Arrondissement_Bellac

Arrondissement Bellac	
Region	Limousin
Département	Haute-Vienne
Unterpräfektur	Bellac
Einwohner	40511 (1. Jan 2009)
Bevölkerungsdichte	23 Einw./km²
Fläche	1780 km²
Kantone	8
Gemeinden	63
INSEE-Code	871 [1]

Lage des Arrondissements Bellac im Département Haute-Vienne

Das **Arrondissement Bellac** ist eine Verwaltungseinheit des französischen Départements Haute-Vienne innerhalb der Region Limousin. Verwaltungssitz (Unterpräfektur) ist Bellac.

Es besteht aus acht Kantonen und 63 Gemeinden.

Kantone

- Bellac
- Bessines-sur-Gartempe
- Châteauponsac
- Le Dorat
- Magnac-Laval
- Mézières-sur-Issoire
- Nantiat
- Saint-Sulpice-les-Feuilles

References

[1] http://recensement.insee.fr/searchResults.action?codeZone=871-ARR

Arrondissement

Das Wort **Arrondissement** ist vom französischen Verb *arrondir* (dt. *abrunden*) abgeleitet und dient zur Bezeichnung verschiedener Verwaltungsbezirke in Frankreich, Belgien, Kanada und anderen Ländern.

Frankreich

Untergliederung der Départements

Die 342 französischen Arrondissements sind territoriale und organisatorische Untergliederungen der Départements. Sie sollen die Départementsverwaltungen auf unterer Ebene entlasten und ähneln etwa den deutschen (Land-)Kreisen und den österreichischen Bezirken.

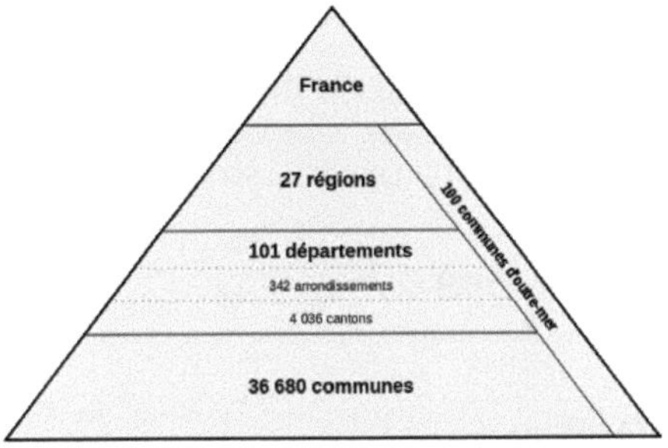

Der Hauptort (frz. *chef-lieu*) eines Arrondissements ist zugleich Sitz der zuständigen Verwaltungsbehörde, der Unterpräfektur (frz. *sous-préfecture*) mit dem Unterpräfekten (*sous-préfet*; vergleichbar dem Landrat) an der Spitze.

Administratives System Frankreichs

Den Arrondissements nachgeordnet sind die Gemeinden (frz. *commune*). Einen Sonderfall bilden die zwischengeschalteten Kantone (frz. *canton*) in ihrer Eigenschaft als bloße Wahlbezirke.

Siehe auch: Liste der französischen Arrondissements

Untergliederung von Gemeinden

Die Gemeinden mit Sonderstatus Paris, Marseille und Lyon sind in Stadtbezirke *(arrondissements municipaux)* eingeteilt.

Siehe auch: Arrondissement municipal

- Arrondissement (Paris)
- Arrondissements von Lyon
- Arrondissements von Marseille

Belgien

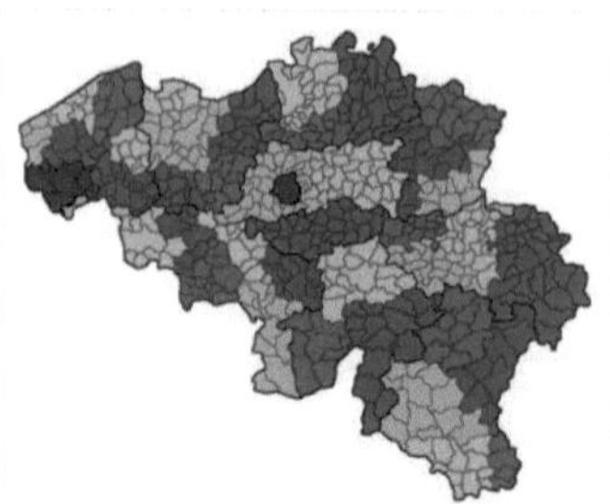
Die belgischen Arrondissements

Auch Belgien ist in 43 Arrondissements (Bezirke bzw. Kantone) als Teil der mittleren Verwaltungsstruktur eingeteilt.

Haiti

Die 10 Départements von Haiti sind in 41 Arrondissements untergliedert.

Québec (Kanada)

Ebenso sind einige Städte in Québec in Arrondissements aufgeteilt. Dies sind Montreal (siehe Arrondissements von Montreal), Gatineau, Québec, Saguenay, Longueuil und Sherbrooke.

Burkina Faso

In Burkina Faso sind z.B. die Städte Ouagadougou und Bobo-Dioulasso in Arrondissements aufgeteilt.

Marokko

In Marokko sind die Städte Casablanca, Fès, Rabat, Marrakech, Meknes und Tanger in Arrondissements aufgeteilt.

Niederlande

In den Niederlanden wird der Amtsbezirk eines Gerichts der 2. Stufe (also etwa wie ein deutscher Landgerichtsbezirk) als *Arrondissement* bezeichnet.[1]

Senegal

Nach dem Modell der Stadt Paris, die 20 Arrondissements zählt, wurden seit 1996 die vier Städte der Metropolregion Dakar in 43 *Communes d'arrondissement* unterteilt. Auf die Stadt Dakar selbst entfallen 19 dieser Arrondissements.[2]

Schweiz

Die Kantone Waadt (Vaud), Wallis (Valais) und Freiburg (Fribourg) sind in Arrondissements aufgeteilt, welche als Gerichtsbezirke dienen.

Einzelnachweise

[1] s. NL Wikipedia, *Rechterlijke indeling van Nederland* (http://nl.wikipedia.org/wiki/Rechterlijke_indeling_van_Nederland)

[2] Communes d'arrondissement du Sénégal (http://fr.wikipedia.org/wiki/Communes_d'arrondissement_du_SÃ©nÃ©gal)

Kanton_Bellac

Kanton Bellac	
Region	Limousin
Département	Haute-Vienne
Arrondissement	Bellac
Hauptort	Bellac
Einwohner	7423 (1. Jan 2009)
Bevölkerungsdichte	37 Einw./km²
Fläche	198.91 km²
Gemeinden	6
INSEE-Code	8703 [1]

Der **Kanton Bellac** ist eine französische Verwaltungseinheit im Arrondissement Bellac, im Département Haute-Vienne und in der Region Limousin; sein Hauptort ist Bellac.

Geografie

Der Kanton Bellac ist 19.891 Hektar (198,91 km²) groß und hat (1999) 7503 Einwohner, was einer Bevölkerungsdichte von 38 Einwohnern pro km² entspricht. Er liegt im Mittel 260 Meter über Normalnull, zwischen 148 Metern in Saint-Bonnet-de-Bellac und 514 Metern in Blond.

Gemeinden

Der Kanton besteht aus sechs Gemeinden:

Gemeinde	Einwohner	Code postal	Code Insee
Bellac	4 576	87300	87011
Blanzac	414	87300	87017
Blond	677	87300	87018
Peyrat-de-Bellac	1 104	87300	87116
Saint-Bonnet-de-Bellac	517	87300	87139
Saint-Junien-les-Combes	215	87300	87155

Weblinks

- Der Kanton Bellac auf der Website des [[Insee [2]]]
- Lokalisation des Kantons Bellac auf einer Frankreichkarte [3]

References

[1] http://recensement.insee.fr/searchResults.action?codeZone=8703-CV
[2] http://www.recensement.insee.fr/RP99/rp99/co_navigation.co_page?nivgeo=P&theme=ALL&typeprod=ALL&codgeo=8703&quelcas=LISTE&lang=FR
[3] http://www.lion1906.com/Pages/ResultatLocalisation.php?InseeVille=870011

Kanton_(Frankreich)

In Frankreich ist ein **Kanton** (frz. *canton*) eine Untergliederung eines Départements unterhalb des Arrondissements.

In ländlichen Gebieten besteht ein Kanton aus mehreren Gemeinden (*frz. communes*), während die größeren Städte selbst in mehrere Kantone eingeteilt sind. Insgesamt gibt es 4035 Kantone in Frankreich (Stand: 1. Januar 2009).

Wahlbezirk

Die wichtigste Funktion der Kantone ist heute diejenige als Wahlbezirke für die Wahl der *Generalräte* der Départements. Im Rahmen der *Kantonalwahlen* wird in jedem Kanton einer der *Generalräte* (französisch: *conseiller général*) gewählt. Die Generalräte aller Kantone eines Départements bilden zusammen den *Generalrat* (frz. *conseil général*) – das „Parlament" – des Départements. Aufgrund ihrer Funktion als Wahlbezirke werden die Kantone des Öfteren neu zugeschnitten, um sie an eine veränderte Bevölkerungsverteilung anzupassen.

Sonderstellung von Paris

In Paris, wo die Stadt mit dem Département identisch ist, gibt es keine Kantone. Für die Wahl des Stadtrats sind sie auch nicht als Wahlbezirke erforderlich.

Für statistische Zwecke werden die Pariser Arrondissements teilweise als Kantone behandelt.

Verwaltungseinheit

Daneben ist der Kanton eine territoriale Untergliederung der Staatsverwaltung im Rahmen der *Dekonzentration* der Zentralverwaltung sowie oftmals auch eine territoriale Untergliederung der *dezentralisierten* Verwaltung der Gebietskörperschaft Departement. Selbstverwaltungseinheiten wie die Regionen, Départements und Gemeinden sind die Kantone jedoch nicht. Als schlichte Verwaltungsuntergliederung kommt dem Kanton keine eigene Rechtspersönlichkeit zu.

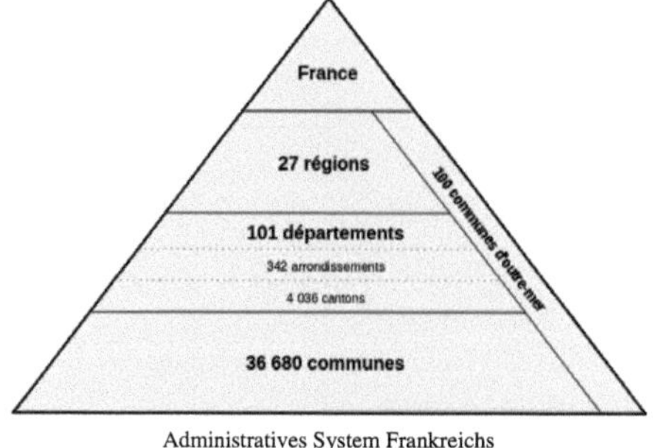

Administratives System Frankreichs

Der Hauptort eines Kantons ist vielfach Sitz von unteren Staats- oder Departementsbehörden bzw. deren Außenstellen. In jedem ländlichen Kanton ist zumindest eine Gendarmeriebrigade stationiert.

Gemeinden in mehreren Kantonen

Zahlreiche Gemeinden sind in mehrere Kantone unterteilt. Meist handelt es sich hierbei um die Aufteilung von Städten in Stadtgebiete und Umlandregionen. Die Gemeinde setzt sich in diesen Fällen aus mehreren Kantonen zusammen.

Ebenso gibt es Kantone, die neben Teilen einer Gemeinde noch eine oder mehrere weitere Gemeinden umfassen.

Bei einzelnen Gemeinden führten Fusionen oder Wiedervereinigungen zu Sonderfällen:

Gemeinden in mehreren Kantonen, die nicht der Hauptort aller Kantone sind:

- Aix-les-Bains, Antibes, Antony, Blois, Boulogne-sur-Mer, Bruay-la-Buissière, Cagnes-sur-Mer, Cannes, Champigny-sur-Marne, Charleville-Mézières, Chartres, Châtenay-Malabry, Chelles, Chenôve, Clamart, Clichy, Creil, Créteil, Drancy, Dunkerque, Forbach (Moselle), Hénin-Beaumont, Hérouville-Saint-Clair, Hyères, Ivry-sur-Seine, La Chapelle-Saint-Luc, La Seyne-sur-Mer, Le Cannet, Le Grand-Quevilly, Meudon, Montluçon, Nîmes, Petit-Bourg, Rezé, Rueil-Malmaison, Saint-Dizier, Saint-Étienne-du-Rouvray, Saint-Omer (Pas-de-Calais), Saint-Ouen (Seine-Saint-Denis), Savigny-sur-Orge, Villeneuve-Saint-Georges

Gemeinden in mehreren Kantonen, die kein Hauptort sind:

- Adelans-et-le-Val-de-Bithaine, Alleyras, Argenton-l'Église, Chamrousse, Gentilly, Jullouville, Lacq, Méricourt (Pas-de-Calais), Monéteau, Saint-Ovin, Vesly (Manche), Wattrelos

Siehe auch

Liste der französischen Kantone

Boson_I._(La_Marche)

Boson I. der Alte (auch *Boso*, franz: *Boson le Vieux*; † wohl noch 974) war ein aquitanischer Burgherr im mittelalterlichen Frankreich am Ende des 10. Jahrhunderts. Er ist der Stammvater des Hauses Périgord, welches die Grafen von La Marche und Périgord stellte. Er selbst ist noch nicht mit dem Grafentitel bezeugt, allerdings kann er dennoch als erster Graf von La Marche betrachtet werden.

Der Chronik von Saint-Maixent zufolge war Boson der Sohn eines Sulpice, welcher wiederum der Sohn eines Grafen Gottfried von Charroux war, weshalb das von ihm abstammende Adelshaus alternativ auch „Haus Charroux" genannt wird.[1] Möglich das jener Gottfried als Schutzherr (*advocati*) dieser Abtei amtierte, ein Amt das auch seinen Nachkommen zugeschrieben wird.

Um das Jahr 950 kontrollierte Boson die Grenzregion (franz: *la Marche*) des Limousin zum nördlich benachbarten Berry. Er hatte die Burg von Bellac errichtet um welche er und seine Nachkommen einen eigenen Herrschaftsbereich zu errichteten beabsichtigten, die historische Provinz Marche. Der Vizegraf des Limousin, Gerald, war bei diesem Vorhaben sein ärgster Feind gegen den er den südlich benachbarten Grafen des Périgord durch eine Ehe mit dessen Tochter zum Verbündeten gewann. Um das Jahr 974 begann Boson den offenen Kampf gegen den Vizegrafen, indem er dessen Burg La Brosse im nördlichen Limousin angriff. Er hoffte dabei vergeblich die Billigung seines Oberherrn, Herzog Wilhelm IV. Eisenarm von Aquitanien, zu erlangen. Vizegraf Gerald und dessen Sohn Guido führten einen Konterangriff, der Boson zum Abbruch der Belagerung nötigte.[2]

Wann Boso starb ist nicht bekannt, allerdings führten seine Söhne den Kampf fort. Er war verheiratet mit Emma, einer Tochter des Grafen Wilhelm I. von Périgord. Fünf Kinder des Paares sind bekannt:

- Elias I. († wohl 975 in Villebois), Graf von Périgord
- Aldebert I. († 997 vor Gençay), Graf von La Marche und Périgord - Stammvater der Grafen von La Marche
- Boson II. († zwischen 1003/1012), Graf von La Marche und Périgord - Stammvater der Grafen von Périgord

- Gauzbert († ?), wurde vom Herzog von Aquitanien geblendet und wurde darauf 977 Mönch
- Martin († 1000), seit 992 Bischof von Périgueux

Literatur

- Georges Thomas: *Les comtes de la Marche de la maison de Charroux*, in: *Mémoires de la Société des sciences naturelles et archéologiques de la Creuze* 23 (1927), S. 561-700
- Robert-Henri Bautier: *Les origines du comté de la Marche*, in: *Mélanges d'archéologie et d'histoire offerts à M. Henri Hemmer par ses collègues et ses amis* (1979), S. 10-19
- Thomas Head: *The Development of the Peace of God in Aquitaine (970-1005)*, in: *Speculum* Vol. 74 (1999), S. 662-663

Einzelnachweise

[1] *Chronicon sancti Maxentii Picravensis, Chroniques des Eglises d'Anjou*, hrsg. von P. Marchegay und E. Mabille (1869), S. 396

[2] Aimon von Fleury, *Miracula s. Benedicti* II §16, hrsg. von Eugène de Certain (1858), S. 118-120; Ademar von Chabannes, *Chronicon* III §25, hrsg. von Jules Chavanon (1897), S. 146-148

Marche_(Frankreich)

Die **Marche** ist eine historische Landschaft in Mittelfrankreich, ungefähr mit dem Département Creuse identisch. Man unterscheidet die *Haute-Marche* um Guéret und die *Basse-Marche* um Bellac. Die Grafschaft war im Besitz des Hauses Lusignan, bevor sie 1308 (endgültig 1527) an die französische Krone fiel.

Grafen von La Marche

Haus Périgord

- 958–988 : Boson I. *le Vieux* (*der Alte*) (Graf von Périgord), ∞ Emma von Périgord.
- 988–997: Aldebert I. *dessen Sohn* (Graf von Périgord), ∞ Almodis von Limoges
- 988–1010: Boson II. *dessen Bruder* (Graf von Périgord), ∞ Almodis
- 1010–1041: Bernard I. *Sohn Aldeberts I.*, ∞ Amélie
- 1047–1088: Aldebert II. *dessen Sohn*, ∞ Poncia
- 1088–1091: Boson III. *dessen Sohn*
- 1091–1112: Odo I. *Sohn Bernards I.*

Haus Montgommery

- 1112–1177: Roger de Montgomery *verheiratet mit Almodis, Tochter von Aldebert II.*
- 1177–1145: Aldebert III. *dessen Sohn*
- 1145–1177: Aldebert IV. *dessen Sohn*

Aldebert IV. verkaufte seine Rechte an Heinrich II. Plantagenet für 15.000 Livres, 20 Schlachtrösser und 20 Mauleselinnen.

Haus Lusignan

- 1200–1219: Hugo I. *Nachkomme von Graf Bernard I., Sohn des Hugo von Lusingnan und Orengarde* (Herr von Lusignan), ∞ Mathilde von Angoulême
- 1219–1249: Hugo II. *dessen Sohn* (Herr von Lusignan, Graf von Angoulême), ∞ Isabella von Angoulême, Witwe des englischen Königs Johann Ohneland
- 1249–1260: Hugo III. *dessen Sohn* (Herr von Lusignan, Graf von Angoulême), ∞ Jolanda von Bretagne
- 1260–1275: Hugo IV. *dessen Sohn* (Herr von Lusignan, Graf von Angoulême), ∞ Johanna von Fougères
- 1270–1303: Hugo V. *dessen Sohn* (Herr von Lusignan, Graf von Angoulême), ∞ Beatrix von Burgund
- 1303–1308: Guido I. *dessen Bruder* (Herr von Lusignan, Graf von Angoulême)
- 1308–1314: Jolanda I. *dessen Schwester* (Herrin von Lusignan)

Nach dem Tod Jolandas annektiert König Philipp IV. deren Besitzungen. Die Grafschaft La Marche gibt er als Apanage an seinen jüngeren Sohn weiter.

Kapetinger

- 1314–1322: Karl *der Schöne*, 1322 als Karl IV. König von Frankreich

Bei seiner Thronbesteigung wurde die Grafschaft La Marche Teil der Domaine royal. Weihnachten 1327 gab er die Grafschaft an Ludwig von Bourbon im Austausch gegen die Grafschaft Clermont-en-Beauvaisis.

Bourbonen

- 1327–1342: Ludwig I. (*der Große*), Herzog von Bourbon, ∞ Maria von Hennegau
- 1341–1361: Jakob I. *dessen jüngerer Sohn*, ∞ Jeanne de Châtillon
- 1361–1393: Johann I. *dessen Sohn*, ∞ Catherine de Vendôme
- 1393–1438: Jakob II. *dessen Sohn*, ∞ I Béatrice d'Evreux, ∞ Johanna II., Königin von Neapel

Haus Lomagne

- 1438–1462: Bernard d'Armagnac Graf von Pardiac und La Marche, Herzog von Nemours, ∞ Éléonore de Bourbon, Tochter von Jacques II. und Béatrice d'Évreux.
- 1462–1477: Jacques d'Armagnac, Graf von Pardiac und La Marche, Herzog von Nemours, Teilnehmer an der Ligue du Bien public; ∞ Louise d'Anjou
- 1477 wird Jacques d'Armagnac wegen Hochverrats verurteilt; sein Besitz wird von König Ludwig XI. eingezogen. La Marche gibt er seinem Schwiegersohn Pierre II. de Beaujeu

Bourbonen

- 1477–1503: Pierre II. de Beaujeu, Graf von Beaujeu, La Marche, Herzog von Bourbon, ∞ Anne de France.
- 1505–1525: Charles de Bourbon-Montpensier, Graf von Montpensier, Herzog von Bourbon, Graf von Beaujeu, La Marche und Forez, Connétable von Frankreich, ∞ Suzanne de Bourbon, Tochter von Pierre II. und Anne de France.

Vincou

Vincou	
Gewässerkennzahl	FR: L52-0300 [1]
Lage	Frankreich, Region Limousin
Flusssystem	Loire
Abfluss über	Gartempe → Creuse → Vienne → Loire → Atlantischer Ozean
Quelle	im Gemeindegebiet von Compreignac [//toolserver.org/~geohack/geohack.php?pagename=Vincou&language=de¶ms=46.0127777778_N_1.29222222222_E_region:FR-87_type:waterbody&title=Quelle+Vincou 46° 0′ 46″ N, 1° 17′ 32″ O]
Quellhöhe	380 m [2]
Mündung	im Gemeindegebiet von Peyrat-de-Bellac in die GartempeKoordinaten: [//toolserver.org/~geohack/geohack.php?pagename=Vincou&language=de¶ms=46.1455555556_N_1.00722222222_E_region:FR-87_type:waterbody 46° 8′ 44″ N, 1° 0′ 26″ O] [//toolserver.org/~geohack/geohack.php?pagename=Vincou&language=de¶ms=46.1455555556_N_1.00722222222_E_region:FR-87_type:waterbody&title=M%C3%BCndung+Vincou 46° 8′ 44″ N, 1° 0′ 26″ O]
Mündungshöhe	164 m [2]
Höhenunterschied	216 m
Länge	50 km [3]
Einzugsgebiet	287 km² [3]
Rechte Nebenflüsse	Bazine
Linke Nebenflüsse	Glayeule
Durchflossene Seen	Étang de Châteaumoulin

Der **Vincou** ist ein Fluss in Frankreich, der im Département Haute-Vienne in der Region Limousin verläuft. Er entspringt in den Ambazac-Bergen, im Gemeindegebiet von Compreignac, entwässert generell in nordwestlicher Richtung durch ein seenreiches Gebiet und mündet nach 50[3] Kilometern im Gemeindegebiet von Peyrat-de-Bellac als linker Nebenfluss in die Gartempe.

Orte am Fluss

- Compreignac
- Nantiat
- Bellac
- Peyrat-de-Bellac

Anmerkungen

[1] http://sandre.eaufrance.fr/app/chainage/courdo/htm/L52-0300.php

[2] geoportail.fr (1:16.000) (http://www.geoportail.fr/de_DE/)

[3] Die Angaben zur Flusslänge beruhen auf den Informationen über den Vincou auf sandre.eaufrance.fr (http://sandre.eaufrance.fr/app/chainage/courdo/htm/L52-0300.php) (französisch), abgerufen am 19.November 2011, gerundet auf volle Kilometer.

Kanton_Aixe-sur-Vienne

Kanton Aixe-sur-Vienne	
Region	Limousin
Département	Haute-Vienne
Arrondissement	Limoges
Hauptort	Aixe-sur-Vienne
Einwohner	18996 (1. Jan 2009)
Bevölkerungsdichte	99 Einw./km²
Fläche	191.84 km²
Gemeinden	10
INSEE-Code	8701 [1]

Der **Kanton Aixe-sur-Vienne** ist eine französische Verwaltungseinheit im Arrondissement Limoges, im Département Haute-Vienne und in der Region Limousin; sein Hauptort ist Aixe-sur-Vienne.

Geografie

Der Kanton Aixe-sur-Vienne ist 19.184 Hektar (191,84 km²) groß und hat 16.768 Einwohner (Stand: 1999), was einer Bevölkerungsdichte von rund 87 Einwohnern pro km² entspricht. Er liegt im Mittel 270 Meter über Normalnull, zwischen 180 Metern in Saint-Priest-sous-Aixe und 385 Metern in Séreilhac.

Gemeinden

Der Kanton besteht aus zehn Gemeinden:

Gemeinde	Einwohner	Code postal	Code Insee
Aixe-sur-Vienne	5.466	87700	87001
Beynac	478	87700	87015
Bosmie-l'Aiguille	2.197	87110	87021
Burgnac	544	87800	87025
Jourgnac	756	87800	87081
Saint-Martin-le-Vieux	759	87700	87166
Saint-Priest-sous-Aixe	1.473	87700	87177
Saint-Yrieix-sous-Aixe	312	87700	87188
Séreilhac	1.595	87620	87191
Verneuil-sur-Vienne	3.188	87430	87201

Weblinks

- Der Kanton Aixe-sur-Vienne auf der Website des [[Insee [2]]]
- Lokalisation des Kantons Aixe-sur-Vienne auf einer Frankreichkarte [3]

References

[1] http://recensement.insee.fr/searchResults.action?codeZone=8701-CV

[2] http://www.recensement.insee.fr/RP99/rp99/co_navigation.co_page?nivgeo=P&theme=ALL&typeprod=ALL&codgeo=8701&quelcas=LISTE&lang=FR

[3] http://www.lion1906.com/departements/haute-vienne/aixe-sur-vienne.php

Kanton_Ambazac

Kanton Ambazac	
Region	Limousin
Département	Haute-Vienne
Arrondissement	Limoges
Hauptort	Ambazac
Einwohner	15895 (1. Jan 2009)
Bevölkerungsdichte	76 Einw./km²
Fläche	209.20 km²
Gemeinden	7
INSEE-Code	8702 [1]

Der **Kanton Ambazac** ist eine französische Verwaltungseinheit im Arrondissement Limoges, im Département Haute-Vienne und in der Region Limousin; sein Hauptort ist Ambazac.

Geografie

Der Kanton Ambazac ist 20.920 Hektar (209,20 km²) groß und hat 13.953 Einwohner (Stand: 1999), was einer Bevölkerungsdichte von rund 67 Einwohnern pro km² entspricht. Er liegt im Mittel 390 Meter über Normalnull, zwischen 223 Metern in Saint-Priest-Taurion und 666 Metern in Ambazac.

Gemeinden

Der Kanton besteht aus sieben Gemeinden:

Gemeinde	Einwohner	Code postal	Code Insee
Ambazac	4.836	87240	87002
Les Billanges	288	87340	87016
Bonnac-la-Côte	1.166	87270	87020
Rilhac-Rancon	3.652	87570	87125
Saint-Laurent-les-Églises	683	87240	87157
Saint-Priest-Taurion	2.613	87480	87178
Saint-Sylvestre	715	87240	87183

Weblinks

- Der Kanton Ambazac auf der Website des [[Insee [2]]]
- Lokalisation des Kantons Ambazac auf einer Frankreichkarte [3]

References

[1] http://recensement.insee.fr/searchResults.action?codeZone=8702-CV

[2] http://www.recensement.insee.fr/RP99/rp99/co_navigation.co_page?nivgeo=P&theme=ALL&typeprod=ALL&codgeo=8702&quelcas=LISTE&lang=FR

[3] http://www.lion1906.com/departements/haute-vienne/ambazac.php

Kanton_Bessines-sur-Gartempe

Kanton Bessines-sur-Gartempe	
Region	Limousin
Département	Haute-Vienne
Arrondissement	Bellac
Hauptort	Bessines-sur-Gartempe
Einwohner	5560 (1. Jan 2009)
Bevölkerungsdichte	36 Einw./km²
Fläche	156.61 km²
Gemeinden	5
INSEE-Code	8704 [1]

Der **Kanton Bessines-sur-Gartempe** ist eine französische Verwaltungseinheit im Arrondissement Bellac, im Département Haute-Vienne und in der Region Limousin; sein Hauptort ist Bessines-sur-Gartempe.

Geografie

Der Kanton Bessines-sur-Gartempe ist 15.661 Hektar (156,61 km²) groß und hat 5.165 Einwohner (Stand: 1999), was einer Bevölkerungsdichte von rund 33 Einwohnern pro km² entspricht. Er liegt im Mittel 347 Meter über Normalnull, zwischen 250 Metern in Bessines-sur-Gartempe und 576 Metern in Razès.

Gemeinden

Der Kanton besteht aus fünf Gemeinden:

Gemeinde	Einwohner	Code postal	Code Insee
Bessines-sur-Gartempe	2.743	87250	87014
Folles	508	87250	87067
Fromental	451	87250	87068
Razès	997	87640	87122
Saint-Pardoux	466	87250	87173

Weblinks

- Der Kanton Bessines-sur-Gartempe auf der Website des [[Insee [2]]]
- Lokalisation des Kantons Bessines-sur-Gartempe auf einer Frankreichkarte [3]

References

[1] http://recensement.insee.fr/searchResults.action?codeZone=8704-CV
[2] http://www.recensement.insee.fr/RP99/rp99/co_navigation.co_page?nivgeo=P&theme=ALL&typeprod=ALL&codgeo=8704&quelcas=LISTE&lang=FR
[3] http://www.lion1906.com/departements/haute-vienne/bessines-sur-gartempe.php

Kanton_Châlus

Kanton Châlus	
Region	Limousin
Département	Haute-Vienne
Arrondissement	Limoges
Hauptort	Châlus
Einwohner	5423 (1. Jan 2009)
Bevölkerungsdichte	33 Einw./km²
Fläche	163.15 km²
Gemeinden	6
INSEE-Code	8705 [1]

Der **Kanton Châlus** ist eine französische Verwaltungseinheit im Arrondissement Limoges, im Département Haute-Vienne und in der Region Limousin; sein Hauptort ist Châlus.

Der Kanton Châlus ist 16.315 Hektar (163,15 km²) groß und hat (2006) 5410 Einwohner, was einer Bevölkerungsdichte von 33 Einwohnern pro km² entspricht. Er liegt im Mittel 373 Meter über Normalnull, zwischen 256 Meter in Lavignac und 551 Meter in Bussière-Galant.

Gemeinden

Der Kanton besteht aus sechs Gemeinden:

Gemeinde	Einwohner	Code postal	Code Insee
Bussière-Galant	1 386	87230	87027
Les Cars	583	87230	87029
Châlus	1 759	87230	87032
Flavignac	955	87230	87066
Lavignac	133	87230	87084
Pageas	594	87230	87112

Weblinks

- Der Kanton Châlus auf der Website des [[Insee [2]]]
- Lokalisation des Kantons Châlus auf einer Frankreichkarte [3]

References

[1] http://recensement.insee.fr/searchResults.action?codeZone=8705-CV
[2] http://www.recensement.insee.fr/RP99/rp99/co_navigation.co_page?nivgeo=P&theme=ALL&typeprod=ALL&codgeo=8705&quelcas=LISTE&lang=FR
[3] http://www.lion1906.com/Pages/ResultatLocalisation.php?InseeVille=870032

Kanton_Châteauneuf-la-Forêt

Kanton Châteauneuf-la-Forêt	
Region	Limousin
Département	Haute-Vienne
Arrondissement	Limoges
Hauptort	Châteauneuf-la-Forêt
Einwohner	5767 (1. Jan 2009)
Bevölkerungsdichte	25 Einw./km²
Fläche	230.97 km²
Gemeinden	10
INSEE-Code	8706 [1]

Der **Kanton Châteauneuf-la-Forêt** ist eine französische Verwaltungseinheit im Arrondissement Limoges, im Département Haute-Vienne und in der Region Limousin; sein Hauptort ist Châteauneuf-la-Forêt.

Geografie

Der Kanton Châteauneuf-la-Forêt ist 23.097 Hektar (230,97 km²) groß und hat 5.664 Einwohner (Stand: 1999), was einer Bevölkerungsdichte von rund 25 Einwohnern pro km² entspricht. Er liegt im Mittel 418 Meter über Normalnull, zwischen 290 Metern in Masléon und 730 Metern in Saint-Gilles-les-Forêts.

Gemeinden

Der Kanton besteht aus zehn Gemeinden:

Gemeinde	Einwohner	Code postal	Code Insee
Châteauneuf-la-Forêt	1.613	87130	87040
La Croisille-sur-Briance	700	87130	87051
Linards	1.058	87130	87086
Masléon	318	87130	87093
Neuvic-Entier	1.025	87130	87105
Roziers-Saint-Georges	153	87130	87130
Saint-Gilles-les-Forêts	55	87130	87147
Saint-Méard	330	87130	87170
Surdoux	44	87130	87193
Sussac	368	87130	87194

Weblinks

- Der Kanton Châteauneuf-la-Forêt auf der Website des [[Insee [2]]]
- Lokalisation des Kantons Châteauneuf-la-Forêt auf einer Frankreichkarte [3]

References

[1] http://recensement.insee.fr/searchResults.action?codeZone=8706-CV
[2] http://www.recensement.insee.fr/RP99/rp99/co_navigation.co_page?nivgeo=P&theme=ALL&typeprod=ALL&codgeo=8706&quelcas=LISTE&lang=FR
[3] http://www.lion1906.com/departements/haute-vienne/chateauneuf-la-foret.php

Article Sources and Contributors

Bellac *Source*: http://de.wikipedia.org/w/index.php?title=Bellac *Contributors*: Br, Entlinkt, He3nry, Ratinger, Tulipanos, VIGNERON, 1 anonymous edits

Frankreich *Source*: http://de.wikipedia.org/w/index.php?title=Frankreich *Contributors*: 1001, 130.60.153.xxx, 1971markus, 1fidel, 211.160.186.195.dial.bluewin.ch, 3268zauber, 4tilden, ABF, AHOR, APPER, Achim Jäger, Achsenzeit, Aclockworkorange, Aconcagua, Adibu, Adlei, Aka, Alaska hal, Alexander Leischner, AlexdG, Alib, Alkab, AllesMeins, Allesmüller, Alpha Kappa, Alpharazor, Andibrunt, Andim, Andreas 06, AndreasWolf, Andrest, Andyg, Antemister, Apokrif, Ares33, Aries, Armin P., Aschmidt, Asdert, Attila v. Wurzbach, Autofan, Automodeller, Avoided, Azdak, B.Thomas95, BLueFiSH.as, Badener, Baird's Tapir, Balû, Baronnet, Baslerstab, Bdk, Bejo, Ben-Zin, Ben776, Benatrevqre, Bender235, Bene16, Berg2, BerndB, Bernhard55, Besserwissi, Bierdimpfl, Billy.shears, Birger Fricke, Bjb, Björn Siebke, Blaubahn, BlauerBueffel, Blunt., Bobinson, Bodhi-Baum, Boecko, Bomzibar, Bsmuc64, Burdigala, Bwhl85, Böhser Onkel, C.Löser, Callaghan, Calvin Ballantine, Capriccio, CaptPicard, Carol.Christiansen, Carsten Sohn, CdaMVvWgS, Cfaerber, Chaddy, Chauki, Cherboy, Chrisfrenzel, Christian140, Christoph D, Christophe Watier, Chupa, Cidor, Claudia1220, Coaster J, Common Senser, Complex, Conny, Conspiration, Conversion script, Corrigo, Creando, Cruks, Crux, D, DAJ, DE, Daaavid, Dachris, Daniel FR, Daniel Mex, Darev, Dauid, David Liuzzo, David.Monniaux, Dbenzhuser, DeCoolRuler, Decius, Denkfabrikant, Der Stachel, Der Statistiker, DerHerrMigo, DerHexer, DerSchim, Diba, DiomedesTW, DivkazPrahy, Diwas, Dlonra, Dnaber, DocBrown, Dolphin.fra, Domenico-de-ga, Dominik, Dominik481, Don Magnifico, Don Quichote, Dr. Manuel, Dundak, Désirée2, EBB, ERabung, EUBürger, Echtio, Eckert500, Edfand, Ein anderer Name, Einar Moses Wohltun, Eingangskontrolle, Eisbaer44, Eiwerschgewass, ElRaki, Elian, Elop, Elvaube, Emmeff, Enst38, Erasmuse, Erazerhead99, ErhardRainer, ErikDunsing, Eriosw, Erwin E aus U, Euku, Exa, Excalibur*, FAN2LOR, Faber-Castell, Faltenwolf, Fantom, Farino, Fedi, Felistoria, Felix Stember, Fierabrás, Filzstift, Fish-guts, Fkeck, Flominator, Florian-stern, Florian.Keßler, Flotterfloh, Fomafix, Foundert, Franjo, Frank-m, Frankey25, Franzsimon, Freedomsaver, Freigut, Fristu, Fritz, Fujnky, Fullhouse, Furfur, Fusslkopp, Fäberer, GDK, GFJ, GNosis, Gaga, Galaxy07, Gamma9, Gancho, Gardini, Geggo, Generalpd, Gerbil, Geschichtsfan, Gibo64, Giftmischer, Gnu1742, Goliath613, Gordito1869, Grcem, Grrrubber, Gudrun Meyer, Gugganij, Gulp, GuterSoldat, H-stt, H0tte, HRoestTypo, HWWI, HaeB, Haeber, Hank van Helvete, Hannes Röst, Hans Braxmeier, Hans J. Castorp, Hans-AC, Hansele, Haring, Harry8, Hashar, Hasi007, Haster, He3nry, Head, Heeeey, HeiligerKrieger, Heinte, Helenopel, Hendric Stattmann, Henriette Fiebig, Herr Klugbeisser, Hesse-Kücke, Holger I., Horst, Hummelblau.de, Hydro, Hytrion, I Like Their Waters, IGEL, IVo, Igelball, InWind, Inkowik, Italiano90, Italianoxsempre, J budissin, J. Schwerdtfeger, JCIV, JD, JFKCom, JOE, JSTC, Jaaandf, JackPotte, Jacques, Janneman, Janus deus, Jeanyfan, Jed, Jergen, Jo Oh, Jobu0101, Johannes XXIII., Johnny47, Jonathan Groß, Jpp, Juegoe, Juesch, Juhan, Julian Herzog, Kako, Kam Solusar, Karl Gruber, Karl-Henner, Katpatuka, Kaugummimann, Keichwa, King Milka, KingArthur4255, KingLion, Kipferl, Klare Kante, Klausfred555, Knarf-bz, Knochen, Kolja21, Kolossos, Kontrollstellekundl, Kookaburra, Kriegslüsterner, Krombacher, Kubi, Kubrick, Kuemmjen, Kuine, Kunani, LIU, LKD, Laba84, Ladyt, Lear 21, Leipnizkeks, Leit, Leronoth, Leuche, Liberatus, Lijealso, Littl, Liubico, Liuthalas, Lou.gruber, Louis le Grand, Lucius1976, Lukian, Lung, Lupíro, Lyciscos, Löwenzahn1, M-A-S, M.Bmg, MAK, MARK, MAY, MB-one, MaCRoEco, Machahn, Maclemo, Mad2000, Magnummandel, Magnus, Magnus Manske, Managementboy, Manecke, Manu, Marcus Schätzle, Mariachi, MarioF, Marriex, Martin-vogel, Martinroell, Martinwilke1980, Matt1971, Matthead, Matthias Schneider, Matthäus Wander, Mawa, Maximilianh, Mazbln, Media lib, Melancholie, Merlishn, Metroskop, Meusch Verlag, Mh26, Michael Fichmann, Michael Fleischhacker, Michael Sander, MichaelDiederich, Michail, Michail der Trunkene, MichiK, Mifrank, Mikue, Mitterertux, Mitternacht, Mnh, Mocy, Mogelzahn, Moi, Monsterxxl, Moros, Morten Haan, Mr.McLeod, Mrlu, Mrtnnadine, Muhamed, Mvb, N.a.b.a.d.w.i.s, NCC1291, NEXT903125, Nasagriel, Ne discere cessa!, NebMaatRe, Nephelin, Nerd, Nerdi, Nergal, Neun-x, Neuroca, Nexialist, Ngowatchtransparent, NiTenIchiRyu, Nichtbesserwisser, Nico Düsing, Nicor, Nils Simon, Nocturne, Nolispanmo, Noogle, Normalo, Nosgart, Numbo3, OLTMAR, Obersachse, Odo2004, Oeke, Oenie, Oktavian, Ole62, Orci, Orik, Otberg, Otto Normalverbraucher, Ottomanisch, Owltom, P A, P. Birken, PDD, PIGSgrame, PatriceNeff, Pb 2001, PeeCee, Pelagus, Perrak, Pessottino, Peter Eisenburger, PhHertzog, PhJ, Phasenverschiebung, Philipendula, Philippjohn599, Phrood, Pianojoe, Piedro, Pierre gronau, Pikku, Pischdi, Pit, Pittimann, Plumpaquatsch, Pneumothorax, PointedEars, Polarlys, PolskiNiemiec, Porti, Poupée de chaussette, Pressi 89, Preusse, Printe82, Prüm, PsY.cHo, Psi007, Purodha, RJensch, RNB-BOY, RUUBYN, Rador, Radyserb-student, Randy43, Ratatosk, Raymond, Rdb, Redf0x, Redfive, Reen, Regi51, Regnaron, Reinhard Kraasch, Renihase, Revvar, Reykholt, Rho, Richie, Rick Blaine, Rolling Thunder, Rolz-reus, Romanm, Rosch2610, Rosenzweig, Rostdi, Roterraecher, Roughneck, Roxanna, Rudolf Pohl, RyanMcKenzie, S.K., SDB, STBR, Sabora, Saehrimnir, Sallynase, Sansculotte, Sardur, Schaengel89, SchirmerPower, Schnabias, Schnargel, Schumir, Schwarzschachtel, Sciurus, Sea-empress, Sebastianvader, Sechmet, Secular mind, Seewolf, Sefo, Segelboot, Seidl, Semper, Shelm23, Sheriff3, Sicherlich, Siebzehnwolkenfrei, Silberchen, Simpsonsfan2, Sir, Sir Gawain, Ska13351, Skipper69, Smurf, Sneecs, Socialmediaschweiz, Solid State, SoniC, Southpark, Spades, Sprachpfleger, Sproink, Spuk968, Spundun, St.Krekeler, Stadtmaus0815, Stahlkocher, SteMicha, Stefan Kühn, Stefanbw, Steffen M., SteffenMP, Steffenausparis, Steinmetz (AC), Stephele, Stern, Stillhart, Stroehli, StsChaZs, Sturmbringer, Succu, Suombe, Sven-steffen arndt, Svens Welt, Svíčková, SwissAirForceSoldier, Sylvia Hülse, TUBS, Taxiarchos228, Tbony, Tcp, Telim tor, Tellensohn, Tenbysie, Teqsun81, Testtube, TheK, Theclaw, Thire, Thomas, Thomas2006, Thommess, Thorbjoern, Tilman Berger, Tim, Tim.landscheidt, Timk70, Timo Müller, Tiontai, Tirelietirelei, Toblu, Tobnu, TobyDZ, Tolanor, Tommy Kellas, Torus, Toter Alter Mann, Traveletti, Trebeta, Triebtäter, Tronicum, Träumer, Tsui, Ttog, Tuck2, Turbonachsichter, Tzzzpfff, UHT, Unscheinbar, Urbach, Ursutraide, Userhelp.ch, Uuu87, Uwe Gille, VIGNERON, Valentim, Valentin Dietrich, Vandalen Arschloch, Velbert2, Venividiwiki, Verita, Vervin, Vidarr, Video2005, Vigala Veia, Vladislav, Vodimivado, Volker Paix, Vorrauslöscher, Voyager, Vulture, W!B:, W. Berlin, WAH, WEBMASTER, WIKImaniac, WagnerAndreas, Webkid, Weisserd, Werewindle, WernerE, Wienerschnitzel, Wiki-observer, Wikidienst, Wilhans, Willicher, Wilske, Wnme, WolfgangRieger, WortUmBruch, Wotan, Wst, Xiao Lang, Xqt, Yaqwert, Yellowcard, Youandme, YourEyesOnly, Zahnstein, Zaphiro, Zaungast, Zeno Gantner, Zerbob, Ziko, Zulu55, Zumbo, Ĝù, 827 anonymous edits

Haute-Vienne *Source*: http://de.wikipedia.org/w/index.php?title=Haute-Vienne *Contributors*: 1001, Br, Bärski, ChristianBier, Gancho, Gauss, Hydro, Lirum Larum, Ludger1961, Mandre, Matt314, Musik-chris, PatDi, Quistnix, Rauenstein, Schaengel89, TUBS, Visi-on, Voyager, YourEyesOnly, 3 anonymous edits

Département *Source*: http://de.wikipedia.org/w/index.php?title=D%C3%A9partement *Contributors*: 1001, 1971markus, 24karamea, 4tilden, AFBorchert, Abderitestatos, Ahanta, Air Check One, Aka, Andi 69, Andim, Andreas S., AndreasE, Androl, Andrsvoss, AurinKo, Batrox, Bender235, Berthold Werner, BishkekRocks, Boonekamp, Br, Bärski, C.Löser, Campoman, Cgoe, CommonsDelinker, Complex, Cosmobird, Cosmopedia, Darkone, Der Spion, DerHexer, Docfeelgood3, Don Magnifico, EBB, Ememaef, Engie, Entlinkt, Epic, ErikDunsing, Farino, FelixBlumstrauß, Flacus, Fleasoft, Florian.Keßler, Frank Schulenburg, Freedomsaver, Fusslkopp, GNosis, Gauss, Gerolsteiner91, GrandHelper, Harro von Wuff, Hol den Radio, Hungchaka, Immanuel Giel, Ingo.dierck, JFKCom, Janneman, Jergen, Jgtgnhjtrer, Jojo-schmitz, Jonathan Hornung, JuTa, Karl-Henner, Knoerz, LIU, Leshonai, MadProfessor42, Marc Tobias Wenzel, Martin Bahmann, Martin Meyerspeer, Matt1971, Michael Metzger, Mike.lifeguard, Mk53, Mnh, Mschlindwein, Musik-chris, My name, Nakor, Natellu, Ne discere cessa!, Neferhotep, Netzrack.N, Nichtbesserwisser, Oenie, Ot, Paddy, Parakletes, PatDi, Pelagus, Pflastertreter, ProloSozz, Ratzer, Rauenstein, Robinhood, Ronny Michel, Roterraecher, Rufus46, STBR, Saehrimnir, Schaengel89, Schlurcher, Schnersheim, Seidl, Senator2108, Shelm23, Sitacuisses, Slomox, Sportsfan92, Stanzilla, Steschke, Tarantelle, Timwi, TomK32, Triebtäter, Ttog, Ulamm, Uwe Dedering, Vargenau, Varina, Vernanimalcula, Verwaltungsgliederung, Vitte1971, Vluebben, Voyager, Weiacher Geschichte(n), Xquenda, Zenit, 126 anonymous edits

Limousin *Source*: http://de.wikipedia.org/w/index.php?title=Limousin *Contributors*: 1001, 36ophiuchi, 4tilden, All'Arrabiata, Andim, Bordeaux, Br, Bärski, Ceddyfresse, Detourslimousin, Don Magnifico, Dr. Karl-Heinz Best, Dx, Entlinkt, Euphoriceyes, Florian.Keßler, Gancho, Glglgl, Head, Helmut Zenz, High Contrast, Island, Johnny Controletti, Karl-Henner, Kubrick, Lou.gruber, Maclemo, Mark in the wiki, Michael w, Mikue, Morabi, Musik-chris, PatDi, Pierre Audité, Quistnix, Rudolf Pohl, Schaengel89, Spuk968, WAH, Wiegels, Wolfgang1018, 25 anonymous edits

Region_(Frankreich) *Source*: http://de.wikipedia.org/w/index.php?title=Region_%28Frankreich%29 *Contributors*: 1001, 4tilden, Al-qamar, Alexander.stohr, Alib, Avoided, B. N., Br, C.Löser, CarstenK, CedricBLN, CommonsDelinker, Complex, DerHerrMigo, Don Magnifico, Dzemdchef, EBB, Ebcdic, Engie, Entlinkt, ErikDunsing, Evilboy, Faltenwolf, Gary Dee, Geisslr, Gereon K., Harro von Wuff, Helmut Zenz, Iro-Iro, Itu, J. Schwerdtfeger, JPB, Judbbochbochzgh, Knoerz, Kontrollstellekundl, Lars Trebing, Lcm121, Lulu97417, Lupus, Magnummandel, Maieronfire, Manecke, Marc Tobias Wenzel, Mark in the wiki, Martin-vogel, Martin1978, Martinwilke1980, Mef.ellingen, Meisterkoch, Michael Metzger, Mschlindwein, PIGSgrame, Parakletes, Pelagus, Pittimann, Plumpaquatsch, PsY.cHo, Quod Scripsi, Re probst, Reinhardhauke, S.K., Schaengel89, Schubbay, Sewa, Shelm23, Stefan Kühn, Stillhart, Tebdi, Testtube, TheK, TomK32, Voyager, W!B:, Wiegels, Wilfried Müller, Zaungast, Zerebrum, Ziko, 51 anonymous edits

Arrondissement_Bellac *Source*: http://de.wikipedia.org/w/index.php?title=Arrondissement_Bellac *Contributors*: PatDi, Pierre Audité, 2 anonymous edits

Arrondissement *Source*: http://de.wikipedia.org/w/index.php?title=Arrondissement *Contributors*: 08-15, 1001, 1971markus, ABrocke, Aka, Amurtiger, Ares8, Bordeaux, Brubacker, Brühl, C.Löser, Centic, Cologinux, Complex, Crux, Désirée2, Entlinkt, Eryakaas, Farino, Firefox13, Frank Schulenburg, Frinck, Funkhauser, Fuzzy, HHahn, Holschmitz, Hydro, Invisigoth67, Janneman, Jed, JøMa, Karl-Henner, Kelisi, Kroschka Ru, Lamog, Matthiasb, Neumeier, Neun-x, Nichtbesserwisser, Ouve 65, Pelagus, Peter200, Pittimann, Punxsutawney-phil, Ratzer, SCPS, Senator2108, Siehe-auch-Löscher, Spuk968, Summ, SuperZebra, Sven423, TableSitter, Tellensohn, Textkorrektur, Triggerhappy, Ttog, Voyager, Weetwat, WikiNight, Zerebrum, Århus, 31 anonymous edits

Kanton_Bellac *Source*: http://de.wikipedia.org/w/index.php?title=Kanton_Bellac *Contributors*: Batke, Br, PatDi, Pierre Audité, Salzgraf, 1 anonymous edits

Kanton_(Frankreich) *Source*: http://de.wikipedia.org/w/index.php?title=Kanton_%28Frankreich%29 *Contributors*: 1001, 555Nase, AlMa77, ArnoLagrange, C.Löser, Decius, Farino, Frank Schulenburg, Gereon K., Hubertl, Hyacinthe, Jed, Leit, MFM, MichaelFrey, Mravinszky, Nikkis, R2h2, Rauenstein, Rolf48, RudolfSimon, Sinn, Sir Quickly, Strommops, To old, Ttog, Umweltschützen, 17 anonymous edits

Boson_I._(La_Marche) *Source*: http://de.wikipedia.org/w/index.php?title=Boson_I._%28La_Marche%29 *Contributors*: 08-15, Albtalkourtaki, Asdert, Br, Ephraim33, FordPrefect42, Friedrichheinz, Herrgott, Horst69, Johnny47, Schwalbe

Marche_(Frankreich) *Source*: http://de.wikipedia.org/w/index.php?title=Marche_%28Frankreich%29 *Contributors*: 1001, Androl, AttoRenato, Br, Cosal, Florian.Keßler, Furfur, Herrgott, Horst69, Jed, Johnny47, JuliaVictoria, MAY, Maclemo, Patrick Bous, Pittimann, RobertLechner, Saxonicus, 9 anonymous edits

Vincou *Source*: http://de.wikipedia.org/w/index.php?title=Vincou *Contributors*: Skipper69, SteveK

Kanton_Aixe-sur-Vienne *Source*: http://de.wikipedia.org/w/index.php?title=Kanton_Aixe-sur-Vienne *Contributors*: Batke, PatDi, Salzgraf

Kanton_Ambazac *Source*: http://de.wikipedia.org/w/index.php?title=Kanton_Ambazac *Contributors*: Batke, PatDi, Salzgraf

Kanton_Bessines-sur-Gartempe *Source*: http://de.wikipedia.org/w/index.php?title=Kanton_Bessines-sur-Gartempe *Contributors*: Batke, PatDi, Rauenstein, Salzgraf

Kanton_Châlus *Source*: http://de.wikipedia.org/w/index.php?title=Kanton_Ch%C3%A2lus *Contributors*: Batke, Br, PatDi, Vodimivado

Kanton_Châteauneuf-la-Forêt *Source*: http://de.wikipedia.org/w/index.php?title=Kanton_Ch%C3%A2teauneuf-la-For%C3%AAt *Contributors*: Batke, PatDi, Salzgraf

Image Sources, Licenses and Contributors

Datei:Blason ville fr Bellac (Haute-Vienne).svg *Source*: http://de.wikipedia.org/w/index.php?title=Datei:Blason_ville_fr_Bellac_(Haute-Vienne).svg *License*: unknown *Contributors*: User:Celbusro

Datei:France location map-Regions.svg *Source*: http://de.wikipedia.org/w/index.php?title=Datei:France_location_map-Regions.svg *License*: unknown *Contributors*: User:Sting

Datei:Flag of France.svg *Source*: http://de.wikipedia.org/w/index.php?title=Datei:Flag_of_France.svg *License*: unknown *Contributors*: User:SKopp, User:SKopp, User:SKopp, User:SKopp, User:SKopp, User:SKopp

Datei:Armoiries république française.svg *Source*: http://de.wikipedia.org/w/index.php?title=Datei:Armoiries_république_française.svg *License*: unknown *Contributors*: User:Wagner51

Datei:France in the European Union on the globe (Europe centered).svg *Source*: http://de.wikipedia.org/w/index.php?title=Datei:France_in_the_European_Union_on_the_globe_(Europe_centered).svg *License*: unknown *Contributors*: TUBS

Datei:Karte Frankreich.PNG *Source*: http://de.wikipedia.org/w/index.php?title=Datei:Karte_Frankreich.PNG *License*: unknown *Contributors*: Hégésippe Cormier, Maksim, Olivier2, Papatt, Wouterhagens, 5 anonymous edits

Datei:Frankreich Relief.png *Source*: http://de.wikipedia.org/w/index.php?title=Datei:Frankreich_Relief.png *License*: unknown *Contributors*: User:Hans_Braxmeier

Datei:EducationFr.svg *Source*: http://de.wikipedia.org/w/index.php?title=Datei:EducationFr.svg *License*: unknown *Contributors*: Thomas Steiner

Datei:Langues de la France.svg *Source*: http://de.wikipedia.org/w/index.php?title=Datei:Langues_de_la_France.svg *License*: unknown *Contributors*: User:Emmanuel.boutet, User:Hellotheworld, User:Sting

Datei:Map Gallia Tribes Towns.png *Source*: http://de.wikipedia.org/w/index.php?title=Datei:Map_Gallia_Tribes_Towns.png *License*: unknown *Contributors*: David Kernow, Dejvid, Dirk Hünniger, Feitscherg, Flamarande, HenkvD, It Is Me Here, JMK, Linguae, Longbow4u, Mattbuck, Peregrine981, Rory096, Teofilo, The RedBurn, Tryphon, ¡0-8-15!, 5 anonymous edits

Datei:Joan of arc miniature graded.jpg *Source*: http://de.wikipedia.org/w/index.php?title=Datei:Joan_of_arc_miniature_graded.jpg *License*: unknown *Contributors*: AnnaKucsma, Bibi Saint-Pol, Bohème, Bukk, Computergeeksjw, Demos, Fanghong, Mattes, Paddy, Schaengel89, Shakko, The Anome, Wolfmann, Wst, 2 anonymous edits

Datei:Prise de la Bastille.jpg *Source*: http://de.wikipedia.org/w/index.php?title=Datei:Prise_de_la_Bastille.jpg *License*: unknown *Contributors*: Jean-Pierre Houël (1735-1813)

Datei:Schlacht von Sedan Uebergabe des Kaisers.jpg *Source*: http://de.wikipedia.org/w/index.php?title=Datei:Schlacht_von_Sedan_Uebergabe_des_Kaisers.jpg *License*: unknown *Contributors*: "PUBLISHED BY CURRIER A IVES" steht auf dem Bild.. Original uploader was Stefan Kühn at de.wikipedia

Datei:J accuse.jpg *Source*: http://de.wikipedia.org/w/index.php?title=Datei:J_accuse.jpg *License*: unknown *Contributors*: Émile Zola

Datei:EGKS.png *Source*: http://de.wikipedia.org/w/index.php?title=Datei:EGKS.png *License*: unknown *Contributors*: User:Immanuel Giel

Datei:Palais Justice Paris.jpg *Source*: http://de.wikipedia.org/w/index.php?title=Datei:Palais_Justice_Paris.jpg *License*: unknown *Contributors*: User:Benh

Datei:PolSysFr.svg *Source*: http://de.wikipedia.org/w/index.php?title=Datei:PolSysFr.svg *License*: unknown *Contributors*: Benutzer:Ladyt

Datei:Paris Assemblee Nationale DSC00074.jpg *Source*: http://de.wikipedia.org/w/index.php?title=Datei:Paris_Assemblee_Nationale_DSC00074.jpg *License*: unknown *Contributors*: User:David.Monniaux

Datei:Seat allocation in french National Assembly.jpg *Source*: http://de.wikipedia.org/w/index.php?title=Datei:Seat_allocation_in_french_National_Assembly.jpg *License*: unknown *Contributors*: User:Alpharazor

Datei:ParlamentoEuropeo 2004 BE02.jpg *Source*: http://de.wikipedia.org/w/index.php?title=Datei:ParlamentoEuropeo_2004_BE02.jpg *License*: unknown *Contributors*: Jesús Pizarro Sánchez

Datei:Logo de la République française.svg *Source*: http://de.wikipedia.org/w/index.php?title=Datei:Logo_de_la_République_française.svg *License*: unknown *Contributors*: Aaker, Alkamid, Bcnof, Beao, Blinking Spirit, Coyau, Cybercobra, Dahn, Duduziq, Essam Sharaf, Fry1989, Jack Phoenix, JenVan, Kyle the hacker, MSClaudiu, PhiLiP, Razzairpina, SRyll, Sarang, Tonym88, Ve4ernik, Writtenright, Wwooter, Zscout370, 28 anonymous edits

Datei:Départements régions (France) de.svg *Source*: http://de.wikipedia.org/w/index.php?title=Datei:Départements_régions_(France)_de.svg *License*: unknown *Contributors*: User:J. Schwerdtfeger

Datei:Administration territoriale française.svg *Source*: http://de.wikipedia.org/w/index.php?title=Datei:Administration_territoriale_française.svg *License*: unknown *Contributors*: user:ttog

Datei:hgv netz.jpg *Source*: http://de.wikipedia.org/w/index.php?title=Datei:Hgv_netz.jpg *License*: unknown *Contributors*: User:Avatar, User:Miaow Miaow, User:Mschlindwein

Datei:Terminal 1 of CDG Airport.jpg *Source*: http://de.wikipedia.org/w/index.php?title=Datei:Terminal_1_of_CDG_Airport.jpg *License*: unknown *Contributors*: Dmitry Avdeev

Datei:Euro accession.svg *Source*: http://de.wikipedia.org/w/index.php?title=Datei:Euro_accession.svg *License*: unknown *Contributors*: User:Miraceti

Datei:Nuclear Power Plant Cattenom.jpg *Source*: http://de.wikipedia.org/w/index.php?title=Datei:Nuclear_Power_Plant_Cattenom.jpg *License*: unknown *Contributors*: User:Stefan Kühn

Datei:Nuclear power plants map France-de.png *Source*: http://de.wikipedia.org/w/index.php?title=Datei:Nuclear_power_plants_map_France-de.png *License*: unknown *Contributors*: User:Schwerdtfeger, User:Sting

Datei:Electricity in France de.svg *Source*: http://de.wikipedia.org/w/index.php?title=Datei:Electricity_in_France_de.svg *License*: unknown *Contributors*: User:Furfur, User:Theanphibian

Datei:Paul Bocuse 2007.jpg *Source*: http://de.wikipedia.org/w/index.php?title=Datei:Paul_Bocuse_2007.jpg *License*: unknown *Contributors*: Alain Elorza

Datei:Tour Eiffel Wikimedia Commons.jpg *Source*: http://de.wikipedia.org/w/index.php?title=Datei:Tour_Eiffel_Wikimedia_Commons.jpg *License*: unknown *Contributors*: User:Benh

Datei:Cinematograph Lumiere advertisment 1895.jpg *Source*: http://de.wikipedia.org/w/index.php?title=Datei:Cinematograph_Lumiere_advertisment_1895.jpg *License*: unknown *Contributors*: Justass, Kilom691, Serenade

Datei:Blason departement Haute-Vienne.svg *Source*: http://de.wikipedia.org/w/index.php?title=Datei:Blason_departement_Haute-Vienne.svg *License*: unknown *Contributors*: -

Datei:Département 87 in France.svg *Source*: http://de.wikipedia.org/w/index.php?title=Datei:Département_87_in_France.svg *License*: unknown *Contributors*: TUBS

Datei:Frankreich Départements.png *Source*: http://de.wikipedia.org/w/index.php?title=Datei:Frankreich_Départements.png *License*: unknown *Contributors*: Deutsche Beschriftung: Sea-empress. Original uploader was Sea-empress at de.wikipedia

Datei:Blason département fr Aisne.svg *Source*: http://de.wikipedia.org/w/index.php?title=Datei:Blason_département_fr_Aisne.svg *License*: unknown *Contributors*: User:Spedona

Datei:Blason comte fr Clermont (Bourbon).svg *Source*: http://de.wikipedia.org/w/index.php?title=Datei:Blason_comte_fr_Clermont_(Bourbon).svg *License*: unknown *Contributors*: Syryatsu

Datei:Blason département fr Alpes-de-Haute-Provence.svg *Source*: http://de.wikipedia.org/w/index.php?title=Datei:Blason_département_fr_Alpes-de-Haute-Provence.svg *License*: unknown *Contributors*: Bruno Vallette, Darwinius, Ec.Domnowall, Flying jacket, Massimop, VIGNERON, Verdy p, Zigeuner

Datei:Blason dpt fr HautesAlpes.svg *Source*: http://de.wikipedia.org/w/index.php?title=Datei:Blason_dpt_fr_HautesAlpes.svg *License*: unknown *Contributors*: -

Datei:Nice Arms.svg *Source*: http://de.wikipedia.org/w/index.php?title=Datei:Nice_Arms.svg *License*: unknown *Contributors*: User:Ipankonin

Datei:Blason dpt fr Ardeche.svg *Source*: http://de.wikipedia.org/w/index.php?title=Datei:Blason_dpt_fr_Ardeche.svg *License*: unknown *Contributors*: -

Datei:Blason département fr Ardennes.svg *Source*: http://de.wikipedia.org/w/index.php?title=Datei:Blason_département_fr_Ardennes.svg *License*: unknown *Contributors*: User:Spedona

Datei:Blason dpt fr Ariège.svg *Source*: http://de.wikipedia.org/w/index.php?title=Datei:Blason_dpt_fr_Ariège.svg *License*: unknown *Contributors*: -

Datei:Blason département fr Aube.svg *Source*: http://de.wikipedia.org/w/index.php?title=Datei:Blason_département_fr_Aube.svg *License*: unknown *Contributors*: User:Spedona

Datei:Blason dpt fr Aude.svg *Source*: http://de.wikipedia.org/w/index.php?title=Datei:Blason_dpt_fr_Aude.svg *License*: unknown *Contributors*: -

Datei:Blason Rouergue.svg *Source*: http://de.wikipedia.org/w/index.php?title=Datei:Blason_Rouergue.svg *License*: unknown *Contributors*: User:Ayack, user:Ayack

Datei:Blason departement Bouches-du-Rhone.svg *Source*: http://de.wikipedia.org/w/index.php?title=Datei:Blason_departement_Bouches-du-Rhone.svg *License*: unknown *Contributors*: -

Datei:Blason département fr Calvados.svg *Source*: http://de.wikipedia.org/w/index.php?title=Datei:Blason_département_fr_Calvados.svg *License*: unknown *Contributors*: User:Spedona

Datei:Blason dpt fr Cantal.svg *Source*: http://de.wikipedia.org/w/index.php?title=Datei:Blason_dpt_fr_Cantal.svg *License*: unknown *Contributors*: -

Datei:Blason département fr Charente.svg *Source*: http://de.wikipedia.org/w/index.php?title=Datei:Blason_département_fr_Charente.svg *License*: unknown *Contributors*: User:Spedona

Datei:Blason département fr Charente-Maritime.svg *Source*: http://de.wikipedia.org/w/index.php?title=Datei:Blason_département_fr_Charente-Maritime.svg *License*: unknown *Contributors*: User:Spedona

Datei:Blason dpt fr Cher.svg *Source*: http://de.wikipedia.org/w/index.php?title=Datei:Blason_dpt_fr_Cher.svg *License*: unknown *Contributors*: -

Datei:Blason département fr Corrèze.svg *Source*: http://de.wikipedia.org/w/index.php?title=Datei:Blason_département_fr_Corrèze.svg *License*: unknown *Contributors*: User:Spedona

Datei:Coat of Arms of Corsica.svg *Source*: http://de.wikipedia.org/w/index.php?title=Datei:Coat_of_Arms_of_Corsica.svg *License*: unknown *Contributors*: User:MarianSigler

Datei:Blason département fr Côte-d'Or.svg *Source*: http://de.wikipedia.org/w/index.php?title=Datei:Blason_département_fr_Côte-d'Or.svg *License*: unknown *Contributors*: -

Datei:Blason 22.svg *Source*: http://de.wikipedia.org/w/index.php?title=Datei:Blason_22.svg *License*: unknown *Contributors*: -

Datei:Blason Boubon-La Marche.svg *Source*: http://de.wikipedia.org/w/index.php?title=Datei:Blason_Boubon-La_Marche.svg *License*: unknown *Contributors*: User:Orror, User:Yorick

Datei:Blason Dordogne 1.svg *Source*: http://de.wikipedia.org/w/index.php?title=Datei:Blason_Dordogne_1.svg *License*: unknown *Contributors*: -

Datei:Blason département fr Doubs.svg *Source*: http://de.wikipedia.org/w/index.php?title=Datei:Blason_département_fr_Doubs.svg *License*: unknown *Contributors*: User:Spedona

Datei:Blason departement Drome.svg *Source*: http://de.wikipedia.org/w/index.php?title=Datei:Blason_departement_Drome.svg *License*: unknown *Contributors*: -

Datei:Blason département fr Eure.svg *Source*: http://de.wikipedia.org/w/index.php?title=Datei:Blason_département_fr_Eure.svg *License*: unknown *Contributors*: User:Spedona

Datei:Blason département fr Eure-et-Loir.svg *Source*: http://de.wikipedia.org/w/index.php?title=Datei:Blason_département_fr_Eure-et-Loir.svg *License*: unknown *Contributors*: User:Spedona

Datei:Blason29.svg *Source*: http://de.wikipedia.org/w/index.php?title=Datei:Blason29.svg *License*: unknown *Contributors*: user:ttog

Datei:Blason département fr Gard.svg *Source*: http://de.wikipedia.org/w/index.php?title=Datei:Blason_département_fr_Gard.svg *License*: unknown *Contributors*: User:Spedona

Datei:Blason département fr Haute-Garonne.svg *Source*: http://de.wikipedia.org/w/index.php?title=Datei:Blason_département_fr_Haute-Garonne.svg *License*: unknown *Contributors*: User:Spedona

Datei:Blason dpt fr Gers.svg *Source*: http://de.wikipedia.org/w/index.php?title=Datei:Blason_dpt_fr_Gers.svg *License*: unknown *Contributors*: -

Datei:Blason département fr Gironde.svg *Source*: http://de.wikipedia.org/w/index.php?title=Datei:Blason_département_fr_Gironde.svg *License*: unknown *Contributors*: User:Spedona

Datei:Blason département fr Hérault.svg *Source*: http://de.wikipedia.org/w/index.php?title=Datei:Blason_département_fr_Hérault.svg *License*: unknown *Contributors*: Syryatsu

Datei:Blason departement Ille-et-Vilaine.svg *Source*: http://de.wikipedia.org/w/index.php?title=Datei:Blason_departement_Ille-et-Vilaine.svg *License*: unknown *Contributors*: -

Datei:Blason département fr Indre.svg *Source*: http://de.wikipedia.org/w/index.php?title=Datei:Blason_département_fr_Indre.svg *License*: unknown *Contributors*: Syryatsu

Datei:Blason dpt fr IndreLoire.svg *Source*: http://de.wikipedia.org/w/index.php?title=Datei:Blason_dpt_fr_IndreLoire.svg *License*: unknown *Contributors*: -

Datei:Blason departement Isere.svg *Source*: http://de.wikipedia.org/w/index.php?title=Datei:Blason_departement_Isere.svg *License*: unknown *Contributors*: -

Datei:Blason département fr Jura.svg *Source*: http://de.wikipedia.org/w/index.php?title=Datei:Blason_département_fr_Jura.svg *License*: unknown *Contributors*: User:Spedona

Datei:Blason dpt fr Landes.svg *Source*: http://de.wikipedia.org/w/index.php?title=Datei:Blason_dpt_fr_Landes.svg *License*: unknown *Contributors*: -

Datei:Blason département fr Loir-et-Cher.svg *Source*: http://de.wikipedia.org/w/index.php?title=Datei:Blason_département_fr_Loir-et-Cher.svg *License*: unknown *Contributors*: User:Spedona

Datei:Blason departement Loire.svg *Source*: http://de.wikipedia.org/w/index.php?title=Datei:Blason_departement_Loire.svg *License*: unknown *Contributors*: -

Datei:Blason dpt fr Haute-Loire.svg *Source*: http://de.wikipedia.org/w/index.php?title=Datei:Blason_dpt_fr_Haute-Loire.svg *License*: unknown *Contributors*: -

Datei:Blason dpt fr LoireAtlantique dapres Robert Louis.svg *Source*: http://de.wikipedia.org/w/index.php?title=Datei:Blason_dpt_fr_LoireAtlantique_dapres_Robert_Louis.svg *License*: unknown *Contributors*: -

Datei:Blason département fr Loiret.svg *Source*: http://de.wikipedia.org/w/index.php?title=Datei:Blason_département_fr_Loiret.svg *License*: unknown *Contributors*: User:Spedona

Datei:Blason département fr Lot.svg *Source*: http://de.wikipedia.org/w/index.php?title=Datei:Blason_département_fr_Lot.svg *License*: unknown *Contributors*: User:infofiltrage

Datei:Blason département fr Lot-et-Garonne.svg *Source*: http://de.wikipedia.org/w/index.php?title=Datei:Blason_département_fr_Lot-et-Garonne.svg *License*: unknown *Contributors*: User:Spedona

Datei:Blason département fr Lozère.svg *Source*: http://de.wikipedia.org/w/index.php?title=Datei:Blason_département_fr_Lozère.svg *License*: unknown *Contributors*: User:Spedona

Datei:Blason departement Maine-et-Loire.svg *Source*: http://de.wikipedia.org/w/index.php?title=Datei:Blason_departement_Maine-et-Loire.svg *License*: unknown *Contributors*: -

Datei:Blason département fr Manche.svg *Source*: http://de.wikipedia.org/w/index.php?title=Datei:Blason_département_fr_Manche.svg *License*: unknown *Contributors*: User:Spedona

Datei:Blason departement Marne.svg *Source*: http://de.wikipedia.org/w/index.php?title=Datei:Blason_departement_Marne.svg *License*: unknown *Contributors*: -

Datei:Blason departement Haute-Marne.svg *Source*: http://de.wikipedia.org/w/index.php?title=Datei:Blason_departement_Haute-Marne.svg *License*: unknown *Contributors*: -

Datei:Blason département fr Mayenne.svg *Source*: http://de.wikipedia.org/w/index.php?title=Datei:Blason_département_fr_Mayenne.svg *License*: unknown *Contributors*: User:Spedona

Datei:Blason Meurthe-et-Moselle.svg *Source*: http://de.wikipedia.org/w/index.php?title=Datei:Blason_Meurthe-et-Moselle.svg *License*: unknown *Contributors*: -

Datei:Blason Meuse.svg *Source*: http://de.wikipedia.org/w/index.php?title=Datei:Blason_Meuse.svg *License*: unknown *Contributors*: -

Datei:Blason departement Morbihan.svg *Source*: http://de.wikipedia.org/w/index.php?title=Datei:Blason_departement_Morbihan.svg *License*: unknown *Contributors*: -

Datei:Blason Moselle.svg *Source*: http://de.wikipedia.org/w/index.php?title=Datei:Blason_Moselle.svg *License*: unknown *Contributors*: -

Datei:Blason dpt fr Nievre.svg *Source*: http://de.wikipedia.org/w/index.php?title=Datei:Blason_dpt_fr_Nievre.svg *License*: unknown *Contributors*: -

Datei:Blason Nord-Pas-De-Calais.svg *Source*: http://de.wikipedia.org/w/index.php?title=Datei:Blason_Nord-Pas-De-Calais.svg *License*: unknown *Contributors*: Adelbrecht, BrightRaven, Bruno Vallette, Ec.Domnowall, Ewan McTeagle, Fhiv, Jimmy44, Kilom691, Siebrand, Skim, Urhixidur, Verdy p

Datei:Blason département fr Oise.svg *Source*: http://de.wikipedia.org/w/index.php?title=Datei:Blason_département_fr_Oise.svg *License*: unknown *Contributors*: User:Spedona

Datei:Blason département fr Orne.svg *Source*: http://de.wikipedia.org/w/index.php?title=Datei:Blason_département_fr_Orne.svg *License*: unknown *Contributors*: User:Spedona

Datei:Pas de Calais Arms.svg *Source*: http://de.wikipedia.org/w/index.php?title=Datei:Pas_de_Calais_Arms.svg *License*: unknown *Contributors*: User:Ipankonin

Datei:Blason dpt fr Puy-de-Dome.svg *Source*: http://de.wikipedia.org/w/index.php?title=Datei:Blason_dpt_fr_Puy-de-Dome.svg *License*: unknown *Contributors*: -

Datei:Blason des Pyrénées-Atlantiques.svg *Source*: http://de.wikipedia.org/w/index.php?title=Datei:Blason_des_Pyrénées-Atlantiques.svg *License*: unknown *Contributors*: -

Datei:Blason dpt fr HautesPyrenees.svg *Source*: http://de.wikipedia.org/w/index.php?title=Datei:Blason_dpt_fr_HautesPyrenees.svg *License*: unknown *Contributors*: -

Datei:Arms of the Pyrénées-Orientales.svg *Source*: http://de.wikipedia.org/w/index.php?title=Datei:Arms_of_the_Pyrénées-Orientales.svg *License*: unknown *Contributors*: User:Heralder

Datei:Blason Bas Rhin.svg *Source*: http://de.wikipedia.org/w/index.php?title=Datei:Blason_Bas_Rhin.svg *License*: unknown *Contributors*: -

Datei:Blason Haut Rhin.svg *Source*: http://de.wikipedia.org/w/index.php?title=Datei:Blason_Haut_Rhin.svg *License*: unknown *Contributors*: -

Datei:Blason dpt fr Haute-Saone.svg *Source*: http://de.wikipedia.org/w/index.php?title=Datei:Blason_dpt_fr_Haute-Saone.svg *License*: unknown *Contributors*: -

Datei:Blason département fr Saône-et-Loire.svg *Source*: http://de.wikipedia.org/w/index.php?title=Datei:Blason_département_fr_Saône-et-Loire.svg *License*: unknown *Contributors*: User:Spedona

Datei:Blason dpt fr Sarthe.svg *Source*: http://de.wikipedia.org/w/index.php?title=Datei:Blason_dpt_fr_Sarthe.svg *License*: unknown *Contributors*: -

Datei:Blason73-Savoie.svg *Source*: http://de.wikipedia.org/w/index.php?title=Datei:Blason73-Savoie.svg *License*: unknown *Contributors*: User:MG

Datei:Haute Savoie blason.svg *Source*: http://de.wikipedia.org/w/index.php?title=Datei:Haute_Savoie_blason.svg *License*: unknown *Contributors*: User:Jozl1

Datei:Blason paris 75.svg *Source*: http://de.wikipedia.org/w/index.php?title=Datei:Blason_paris_75.svg *License*: unknown *Contributors*: User:Manassas

Datei:Blason76.svg *Source*: http://de.wikipedia.org/w/index.php?title=Datei:Blason76.svg *License*: unknown *Contributors*: -

Datei:Blason département fr Seine-et-Marne.svg *Source*: http://de.wikipedia.org/w/index.php?title=Datei:Blason_département_fr_Seine-et-Marne.svg *License*: unknown *Contributors*: User:Spedona

Datei:Blason département fr Yvelines.svg *Source*: http://de.wikipedia.org/w/index.php?title=Datei:Blason_département_fr_Yvelines.svg *License*: unknown *Contributors*: User:Spedona

Datei:Blason département fr Deux-Sèvres.svg *Source*: http://de.wikipedia.org/w/index.php?title=Datei:Blason_département_fr_Deux-Sèvres.svg *License*: unknown *Contributors*: User:infofiltrage

Datei:Blason département fr Somme.svg *Source*: http://de.wikipedia.org/w/index.php?title=Datei:Blason_département_fr_Somme.svg *License*: unknown *Contributors*: User:Spedona

Datei:Blason dpt fr Tarn.svg *Source*: http://de.wikipedia.org/w/index.php?title=Datei:Blason_dpt_fr_Tarn.svg *License*: unknown *Contributors*: -

Datei:Blason département fr Tarn-et-Garonne.svg *Source*: http://de.wikipedia.org/w/index.php?title=Datei:Blason_département_fr_Tarn-et-Garonne.svg *License*: unknown *Contributors*: User:Spedona

Datei:Blason departement Var.svg *Source*: http://de.wikipedia.org/w/index.php?title=Datei:Blason_departement_Var.svg *License*: unknown *Contributors*: -

Datei:Blason département fr Vaucluse.svg *Source*: http://de.wikipedia.org/w/index.php?title=Datei:Blason_département_fr_Vaucluse.svg *License*: unknown *Contributors*: User:Spedona

Datei:Blason dpt fr 85 Vendée.svg *Source*: http://de.wikipedia.org/w/index.php?title=Datei:Blason_dpt_fr_85_Vendée.svg *License*: unknown *Contributors*: -

Datei:Blason département fr Vienne.svg *Source*: http://de.wikipedia.org/w/index.php?title=Datei:Blason_département_fr_Vienne.svg *License*: unknown *Contributors*: User:infofiltrage

Datei:Blason Vosges.svg *Source*: http://de.wikipedia.org/w/index.php?title=Datei:Blason_Vosges.svg *License*: unknown *Contributors*: -

Datei:Blason département fr Yonne.svg *Source*: http://de.wikipedia.org/w/index.php?title=Datei:Blason_département_fr_Yonne.svg *License*: unknown *Contributors*: User:Spedona

Datei:Blason département fr Territoire de Belfort.svg *Source*: http://de.wikipedia.org/w/index.php?title=Datei:Blason_département_fr_Territoire_de_Belfort.svg *License*: unknown *Contributors*: User:infofiltrage

Datei:Blason département fr Hauts-de-Seine.svg *Source*: http://de.wikipedia.org/w/index.php?title=Datei:Blason_département_fr_Hauts-de-Seine.svg *License*: unknown *Contributors*: User:Spedona

Datei:Blason département fr Seine-Saint-Denis.svg *Source*: http://de.wikipedia.org/w/index.php?title=Datei:Blason_département_fr_Seine-Saint-Denis.svg *License*: unknown *Contributors*: User:Spedona

Datei:Blason département fr Val-de-Marne.svg *Source*: http://de.wikipedia.org/w/index.php?title=Datei:Blason_département_fr_Val-de-Marne.svg *License*: unknown *Contributors*: User:Spedona

Datei:Blason département fr Val-d'Oise.svg *Source*: http://de.wikipedia.org/w/index.php?title=Datei:Blason_département_fr_Val-d'Oise.svg *License*: unknown *Contributors*: -

Datei:Coat of arms of Guadeloupe.svg *Source*: http://de.wikipedia.org/w/index.php?title=Datei:Coat_of_arms_of_Guadeloupe.svg *License*: unknown *Contributors*: User:Brieg

Datei:CoA fr Martinique.svg *Source*: http://de.wikipedia.org/w/index.php?title=Datei:CoA_fr_Martinique.svg *License*: unknown *Contributors*: User:Brieg, User:Brieg

Datei:Blason de la Guyane.svg *Source*: http://de.wikipedia.org/w/index.php?title=Datei:Blason_de_la_Guyane.svg *License*: unknown *Contributors*: User:Jborme

Datei:Blason Réunion DOM.svg *Source*: http://de.wikipedia.org/w/index.php?title=Datei:Blason_Réunion_DOM.svg *License*: unknown *Contributors*: User:Manassas, User:Manassas

Datei:Coat of Arms of Mayotte.PNG *Source*: http://de.wikipedia.org/w/index.php?title=Datei:Coat_of_Arms_of_Mayotte.PNG *License*: unknown *Contributors*: Original uploader was Dancingwombatsrule at en.wikipedia (Original text : Jean-Pierre Demailly, edited by Dancingwombatsrule)

Bild:Frankreich_Départements.png *Source*: http://de.wikipedia.org/w/index.php?title=Datei:Frankreich_Départements.png *License*: unknown *Contributors*: Deutsche Beschriftung: Sea-empress. Original uploader was Sea-empress at de.wikipedia

Bild:Départements_de_France_nom+num.svg *Source*: http://de.wikipedia.org/w/index.php?title=Datei:Départements_de_France_nom+num.svg *License*: unknown *Contributors*: User:Historicair, User:Martin Meyerspeer, User:bayo

Bild:FrancePopulationDensity1968.png *Source*: http://de.wikipedia.org/w/index.php?title=Datei:FrancePopulationDensity1968.png *License*: unknown *Contributors*: wikifreund, Germany

Bild:Départements-conseils.svg *Source*: http://de.wikipedia.org/w/index.php?title=Datei:Départements-conseils.svg *License*: unknown *Contributors*: User:Alankazame, User:Nakor, User:bayo

Datei:Limousin flag.svg *Source*: http://de.wikipedia.org/w/index.php?title=Datei:Limousin_flag.svg *License*: unknown *Contributors*: user:Patricia.fidi

Datei:Blason région fr Limousin.svg *Source*: http://de.wikipedia.org/w/index.php?title=Datei:Blason_région_fr_Limousin.svg *License*: unknown *Contributors*: User:infofiltrage

Datei:Limousin in France.svg *Source*: http://de.wikipedia.org/w/index.php?title=Datei:Limousin_in_France.svg *License*: unknown *Contributors*: TUBS

Datei:700x700 CARTE FRANCE GEO Regions R1.png *Source*: http://de.wikipedia.org/w/index.php?title=Datei:700x700_CARTE_FRANCE_GEO_Regions_R1.png *License*: unknown *Contributors*: User:Wikisoft*

Datei:Delibguyane.JPG *Source*: http://de.wikipedia.org/w/index.php?title=Datei:Delibguyane.JPG *License*: unknown *Contributors*: User:Didwin973

Datei:Bellac (Arrondissement) Plan.svg *Source*: http://de.wikipedia.org/w/index.php?title=Datei:Bellac_(Arrondissement)_Plan.svg *License*: unknown *Contributors*: Pierre Audité at de.wikipedia

Bild:Administration territoriale française.svg *Source*: http://de.wikipedia.org/w/index.php?title=Datei:Administration_territoriale_française.svg *License*: unknown *Contributors*: user:ttog

Datei:Belgische Bestuurlijke Arrondissementen.png *Source*: http://de.wikipedia.org/w/index.php?title=Datei:Belgische_Bestuurlijke_Arrondissementen.png *License*: unknown *Contributors*: User:Rubenho

Printed by Books on Demand GmbH, Norderstedt / Germany